Ralf C. Langhals

Der immer währende Kalender

Mein Begleiter durchs Jahr

KALENDER
3.

Ralf C. Langhals

Der immer währende Kalender

Mein Begleiter durchs Jahr

Mit Illustrationen von Vera Vučko

Weltbild

Inhalt

Inhalt

Ihr Begleiter durchs Jahr

Zu wissen, in welcher Zeit man lebt, ist schon von jeher ein menschliches Bedürfnis. Eine wichtige Einheit der Zeit ist das Jahr, in dessen Lauf unser gesamtes Leben eingebettet ist. Man denke an die Feste und Festzeiten, die Feiertage oder an die vielen Geburts- und Namenstage, die uns das Jahr über begleiten und unseren Lebensrhythmus bestimmen. Ordneten früher die Jahreszeiten den Ablauf des bäuerlich geprägten Lebens, so wird unsere heutige Gesellschaft zunehmend vom Rhythmus der Arbeitswelt dominiert. Aber auch hier gliedert der Wechsel von Arbeitstagen und freien Tagen unseren Alltag. Projekt- und Produktionsplanung, Quartalsabrechnungen, Gehaltszahlungen, Urlaubsreisen und Brückentage regeln in starkem Maße unseren Lebensfluss.

Ein neues Jahrtausend

»Millenium« ist das lateinische Wort für Jahrtausend.

Zudem war das Bewusstsein, ein solch großartiges Ereignis wie die jüngste Jahrtausendwende erleben zu dürfen, willkommener Anlass für aufwändige und weltweite Milleniumfeiern, die schon lange vor diesem Datum öffentliches Interesse hervorriefen. Künstlerisch gestaltete, elektronische Zeitmesser zählten allerorts die Stunden, Minuten und Sekunden bis zum Eintritt in das neue Jahrtausend, das magische Jahr 2000, obwohl das 21. Jahrhundert rein rechnerisch eigentlich erst mit dem Jahr 2001 beginnt. An der Schwelle eines Datums, das für die meisten von uns immer noch den Hauch von Sciencefiction-Romanen hat, ist die Beschäftigung mit der Zeitrechnung besonders interessant. Dem verstärkten Zeitbewusstsein zur Jahrtausendwende will ich mit diesem Buch Rechnung tragen.

Nützliches und Besinnliches

Der immer währende Kalender bietet eine Grundlage für Ihre langfristige Zeitplanung. Er enthält Namenstage, Gedenk- und Geburtstage berühmter Persönlichkeiten, Bauern- und Wetterregeln und Spruchweisheiten. Zum Thema Feste und Feiertage werden Sie Brauchtümer vorfinden, die teilweise noch heute praktiziert werden und andere, die in Vergessenheit geraten sind. Nicht zuletzt helfen Ihnen eine Vielzahl von Haushalts-, Saison-, Garten- und Gesundheitstipps, froh und gut gerüstet durch das Jahr zu kommen, ohne dabei Ihre Lieben zu vergessen: Jeder Tag bietet ausreichend Platz, um die Geburts- und sonstigen Gedenktage von Freunden und Familienangehörigen zu notieren. Und damit man wirklich niemanden mehr vergisst, liegt diesem Buch ein Geburtstagskalender zum Aufhängen bei. Tragen Sie hier die Wiegenfeste Ihrer Lieben ein, und platzieren Sie ihn an einer gut sichtbaren Stelle.

Kalendergeschichte, Wissenswertes über unsere Zeitrechnung, ein kalendarischer Überblick über die nächsten 15 Jahre sowie verlässliches Handwerkszeug für die Berechnung von Feiertagen und Wochentagen für jedes Datum der Geschichte bieten eine solide Grundlage für Ihre langfristige Lebensplanung, für die ich Ihnen alles erdenklich Gute wünsche.

Für die Kalenderberechnungen, die in diesem Buch vorgestellt werden, benötigt man nur die vier Grundrechenarten.

Für die Namenstage bitte ich Sie zu beachten, dass fast alle 1500 Namen Personen der christlichen Kirchen- und Glaubensgeschichte betreffen. Die diesbezüglichen Angaben sind also eher als »Heiligen«-Kalender und weniger als Namenslexikon zu verstehen. Aus diesem Grund werden Sie auch kaum Modenamen finden.

Ralf C. Langhals

Der immer währende Kalender

»Immer währender Kalender« heißt, dass es sich um einen undatierten, nicht auf ein bestimmtes Jahr bezogenen Kalender handelt.

Wer Freunde und Verwandte hat, deren Geburtstag er sich merken möchte, um ihnen mit einem Kartengruß oder einer telefonischen Gratulation eine Freude zu machen, der sei herzlich eingeladen, sich dieses immer währenden Kalenders zu bedienen. Er bietet gegenüber den auf dem Markt gemeinhin erhältlichen Jahreskalendern den Vorteil, sich das lästige, da alljährliche Umtragen aller Geburts- und Gedenktage von einem Kalender in den anderen zu ersparen. Kaum jemand beginnt direkt beim Neuerwerb zum Jahreswechsel, alle wiederkehrenden Termine zu übernehmen; so ist dann leicht einmal ein Geburts- oder Hochzeitstag versäumt und verschwitzt, was erfahrungsgemäß auf wenig Freude bei den Vergessenen stößt.

Mehr als eine Gedächtnisstütze

Das menschliche Gedächtnis bedarf bisweilen einer Stütze, und dies – zum Troste – gilt nicht nur für Menschen fortgeschrittenen Alters. Sinn und Notwendigkeit eines solchen Kalenders sind für Menschen jeden Alters unstrittig. Allerdings nützt dieses Hilfsmittel nichts, wenn es beim Blättern so nüchtern und blass aussieht, dass keine rechte Lust aufkommt, die Gedächtnisstütze auch zu nutzen. Ausgeschmückt mit Bildern und Gedanken, mit Zitaten, Empfindungen, Erfahrungen und Erkenntnissen aus Dichtkunst, Philosophie, Naturbeobachtung und Alltag, macht es dieser Kalender dem, der guten Willens ist, leicht, sich zu erinnern, oder besser, er stimuliert die Freude am Eintragen und Blättern. Wissenswertes, Heiteres, Tröstendes, aber auch Nachdenkliches und Kurioses sind die Zutaten dieser Gedächtnisstütze und laden Sie Tag für Tag neu ein, dieses Buches zu nutzen.

Was die Symbole bedeuten

 Bauern- und Wetterregel

 Sinnsprüche, Gedichte, Weisheiten

TIPP Saison-, Gesundheits- und Haushaltstipps

 Feiertage und Feste

 Steinbock (22.12.-20.1.)

 Wassermann (21.1.-19.02.)

 Fische (20.2.-20.3.)

 Widder (21.3.-20.4.)

 Stier (21.4.-20.5.)

 Zwillinge (21.5.-21.6.)

 Krebs (22.6.-22.7.)

 Löwe (23.7.-23.8.)

 Jungfrau (24.8.-23.9.)

 Waage (24.9.-23.10.)

 Skorpion (24.10.-22.11.)

 Schütze (23.11.-21.12.)

Januar

01

Basilius, Wilhelm, Fulgentius

NEUJAHR

»Neujahrsnacht still und klar,
deutet auf ein gutes Jahr.«

TIPP Gegen den üblichen Sylvesterkater helfen neben Aspirin, Magnesium und langem Ausschlafen ein deftiges Frühstück, viel Flüssigkeit und ein ausgiebiger Neujahrsspaziergang an der frischen Luft.

02

Gregor, Basilius

Ernst Barlach, *1870-1938, dt. Dramatiker und Bildhauer*

»Wenn's um Neujahr Regen gibt,
oft um Ostern Schnee noch stiebt.«

Der 2., 3. und 4. Januar gehören zu den so genannten Schwendtagen. In der bäuerlichen Tradition sind dies Unglückstage, an denen man nichts Neues beginnen durfte und keine Geschäfte abschließen sollte.

03

Odilo, Genovefa, Irmina

»Hast du selbst keinen Feind – mit dir selber hat dir deine Mutter den größten mit auf den Weg gegeben.«
Aus Bulgarien

»Wenn Gras wächst im Januar,
wächst es schlecht im ganzen Jahr.«

Der heilige Odilo leitete als Abt das Reformkloster Cluny.

04

Roger, Angela, Marius

Isaac Newton, *1643-1727, engl. Physiker und Mathematiker*

»Kinderland, du Zauberland,
Haus und Hof und Hecken.
Hinter blauer Wälderwand
spielt die Welt Verstecken.« Detlev von Liliencron

»Sonnt sich die Katz' im Januar,
liegt sie hinterm Ofen im Februar.«

Januar

05

Amiliana (Emilie)

Juan Carlos, **1938, König von Spanien*
Friedrich Dürrenmatt, *1921-1990, schweiz. Autor*
Konrad Adenauer, *1876-1967, dt. Politiker*

»Wer den Himmel nicht in sich selber trägt, sucht ihn vergebens im ganzen Weltall.« Otto Ludwig

»Wir leben zwar alle unter demselben Himmel, aber wir haben nicht alle denselben Horizont.« Konrad Adenauer

06

Kaspar, Melchior, Balthasar, Pia, Raimund, Gertrud, Wiltrud

HEILIGE DREI KÖNIGE

Allerorts ziehen Sternsinger durch die Straßen und schreiben die neue Jahreszahl und den Segenswunsch CMB (Christus Mansionem Benedicat = Christus möge dieses Haus segnen) über die Haustüren.

»Heiligdreikönig sonnig und still,
Winter vor Ostern nicht weichen will.«

07

Raimund, Valentin, Sigrid, Virginia, Reinold, Knud, Tilman

»Auf viele Feiertage folgt selten ein guter Werktag.« Johann von Kayersberg

TIPP Winterzeit ist Schnupfenzeit: Begegnen Sie Ihrer Erkältung mit einer Schwitzkur, indem Sie einen Flieder-, Schafgarben- oder Lindenblütentee bereiten und mit Honig süßen. Sie unterstützen eine zügige Genesung. Leichte Suppen und reichlich Obst mit viel Vitamin C tun ein Übriges.

08

Severin, Erhard, Heinrich

Hans von Bülow, *1830-1894, dt. Dirigent*
David Bowie, **1947, engl. Popmusiker*

»Vergesst nicht, dass jede Wolke, so schwarz sie auch sein mag, doch ihre Sonnenseite hat.« F. W. Weber

TIPP Ihre Zimmerpflanzen sollten Sie in der winterlichen Ruhephase nicht durch zu häufiges Gießen und zu hohe Raumtemperaturen belasten.

09

Julian, Eberhard, Alix

Kurt Tucholsky, *1890-1935, dt. Schriftsteller*
Simone de Beauvoir, *1908-1986, frz. Schriftstellerin*

»Es gibt nur eine Verpflichtung: glücklich zu sein.« Denis Diderot

»Immer die kleinen Freuden aufpicken, bis das große Glück kommt. Und wenn es nicht kommt, dann hat man wenigstens die kleinen Glücke gehabt.« Theodor Fontane

10

Gregor, Paul, Wilhelm

Annette von Droste-Hülshoff, *1797-1848, dt. Dichterin*

»Ist der Januar feucht und lau, wird das Frühjahr trocken und rau.«

TIPP Ist Ihre Suppe oder Sauce zu salzig geworden, kochen Sie einige geschälte, rohe Kartoffelschnitze oder eine altbackene Weißbrotscheibe mit, die Sie vor dem Servieren entfernen.

11

Paulin, Johannes

»Die Freunde nennen sich aufrichtig. Die Feinde sind es.« Arthur Schopenhauer

»Der Januar muss krachen,
soll der Frühling lachen.«

TIPP Hart gekochte Eier lassen sich leichter schälen, wenn man die Schale rundum anschlägt und die Eier in kaltes Wasser legt.

12

Tatjana, Hilda, Ernst

»Misstraue dem Menschen, der den Geschmack von Quark, den Geruch von Klee und den Gesang von Vögeln nicht liebt.« Aus Indien

»Ist der Januar warm, Gott erbarm.«

»Ist der Januar hell und weiß,
kommt der Frühling ohne Eis,
wird der Sommer sicher heiß.«

Januar

13

Hilarius, Gottfried, Jutta, Yvette, Remigius

»Der Mensch ist gerade so glücklich, wie er sich zu sein entschließt.« Abraham Lincoln

»Je frostiger der Januar,
je freudiger das ganze Jahr.«

TIPP Bei großporiger Haut empfiehlt die natürliche Hausapotheke gelegentliche Vollbäder mit einem halben Liter Essigzusatz.

14

Felix, Reiner, Berno, Engelmar

Giulio Andreotti, **1919, ital. Politiker*

»Unsere Wünsche sind wie kleine Kinder. Je mehr man ihnen nachgibt, umso anspruchsvoller werden sie.« Aus China

TIPP Bei Sodbrennen können zwei bis drei Becher Jogurt, über den Tag verteilt, Erleichterung verschaffen. Verzichten Sie auf Nikotin und alkoholische Getränke.

15

Maurus, Romedius, Arnold, Konrad

Franz Grillparzer, *1791-1872, österr. Dichter*

»Jemandem große Verbindlichkeiten schuldig sein hat nichts Unangenehmes; denn die Dankbarkeit ist eine süße Pflicht. Nur kleine Verpflichtungen sind quälend.«
Franz Grillparzer

»Donner im Winterquartal
bringt uns Kälte ohne Zahl.«

16

Marzellus, Theobald, Tillmann, Tillo, Tasso

Udo Lattek, **1935, dt. Fußballtrainer*

»Ein Jahr, das schlecht will sein,
das stellt sich schwimmend ein.«

TIPP In strengen Wintern kann man Bäume durch einen Kalkmilchanstrich gegen Frostrisse schützen. Die weiße Farbe reflektiert Sonnenstrahlen und gleicht so das Temperaturgefälle von Tag und Nacht aus.

17

Antonius, Gamelbert, Beatrix

Muhammed Ali, **1942, amerik. Boxer*

»Über Nacht wird man nur dann berühmt, wenn man tagsüber hart gearbeitet hat.« Howard Carpendale

»Ein Januar ganz ohne Schnee
tut Bäumen, Bergen, Tälern weh.«

»Januar weiß, der Sommer heiß.«

18

Margareta, Priska, Odilo, Wolfried

Cary Grant, *1904-1986, engl.-amerik. Schauspieler*

»Eis und Schnee im Januar
künden ein gesegnet' Jahr.«

TIPP Wenn Ihre Wildlederschuhe Schneeränder bekommen haben, entfernen Sie diese mit Salz. Die Reste von Schnee werden mit Salz eingerieben. Nach einer Stunde können die Schuhe abgebürstet werden.

Januar

19

Agritius, Marius, Raimund, Heinrich, Knud

Gustav Meyrink, *1868-1932, österr. Schriftsteller*
James Watt, *1736-1819, schott. Erfinder*
Lilian Harvey, *1907-1968, engl. Schauspielerin*
Patricia Highsmith, *1921-1995, amerik. Schriftstellerin*
Janis Joplin, *1943-1970, amerik. Rocksängerin*

TIPP In Großmutters Hausapotheke wird Anis als Helfer bei Blähungen, Verschleimungen und Schlaflosigkeit hoch geschätzt.

20

Sebastian, Fabian, Elisabeth, Ursula, Jakob

»Das beste Mittel, jeden Tag gut zu beginnen, ist: Beim Erwachen daran denken, ob man nicht wenigstens einem Menschen an diesem Tag eine Freude machen könne.« Friedrich Nietzsche

»Hat der Januar viel Regen,
bringt's den Früchten keinen Segen;
nur die Gottesäcker werden gedüngt,
wenn er viel Regen bringt.«

21

Agnes, Meinrad, Patroklus

Christian Dior, *1905-1957, frz. Modeschöpfer*

»Ist der Januar frostig und kalt,
lockt uns bald der grüne Wald.«

TIPP Kochsalz, Salbei und Zitrone, zusammen oder einzeln in heißem Wasser aufgelöst, helfen gegen schmerzhafte Halsentzündungen. Meiden Sie scharf gewürzte Lebensmittel.

22

Vinzenz, Gaudenz, Anastasius, Dietlind, Elisabeth, Walter

Gotthold Ephraim Lessing, *1729-1781, dt. Dichter*
August Strindberg, *1849-1912, schwed. Schriftsteller*

»Jeder sage, was ihn Wahrheit dünkt,
und die Wahrheit selbst sei Gott empfohlen.«
Gotthold Ephraim Lessing

»Knirscht im Januar Eis und Schnee,
gibt's reiche Ernt' an Korn und Klee.«

23

Heinrich, Hartmut, Nikolaus, Eugen, Ildefons

Sergej M. Eisenstein, *1898-1948, russ. Filmpionier*

»Unglück macht Menschen. Wohlstand Ungeheuer.« Victor Hugo

»Das Zeugnis, einige Wahrheiten entdeckt und einige Irrtümer zerstört zu haben, ist nach meiner Meinung die schönste Trophäe, welche die Nachwelt zum Ruhme eines großen Mannes errichten kann.« Friedrich der Große

24

Franz, Eberhard, Vera, Bernhard

E. T. A. Hoffmann, *1776-1822, dt. Dichter und Musiker*
Friedrich der Große, *1712-1786, König von Preußen*
Vicki Baum, *1888-1960, österr. Schriftstellerin*

»Sind im Januar die Flüsse klein,
gibt's im Herbst einen guten Wein.«

TIPP Gegen eine Beule hilft es, wenn Sie sofort die flache Seite einer Messerklinge aufdrücken.

Januar

25

Wolfram, Maria, Poppo, Eberhard

Virginia Woolf, *1882-1941, engl. Schriftstellerin*

»Zwei Unglückliche sind wie zwei schwache Bäumchen, die, sich gegeneinander lehnend, dem Sturme schon kräftigen Widerstand leisten.« Voltaire

»Fünfzig Jahre bleibt der Name vorzüglicher Menschen in der Erinnerung des Volks. Weiterhin verschwindet er oder wird märchenhaft.« Johann Wolfgang von Goethe

26

Timotheus, Titus, Paulus

Achim von Arnim, *1781-1831, dt. Dichter*

»Als wir noch dünner waren, standen wir uns näher.« Georg Kreisler

»So viel Tropfen im Januar,
so viel Schnee im Mai.«

TIPP Im Januar werden die Beerensträucher geschnitten.

27

Angela, Unwan, Alrun, Gerhard, Chrysostomos, Julian

Wolfgang Amadeus Mozart, *1756-1791, österr. Komponist*
Wilhelm II., *1859-1941, dt. Kaiser und König von Preußen*

»Wie war das Leben schön! Heiteren Sinnes muss man sein, dazu hat einen die Vorsehung bestimmt.«
Wolfgang Amadeus Mozart

TIPP Eine eitrige Stelle am Körper bringt man am besten mit Kamillenbädern zum Aufgehen.

28

Thomas, Karl, Manfred, Karoline, Josef

»Lorbeer ist ein gutes Kraut für die Saucenköche. Wer's als Kopfbedeckung wünscht, wisse, dass es steche.« Otto Julius Bierbaum

»Die Schnellentschlossenen straucheln leicht.«
Sophokles

»Wenn's im Januar donnert über'm Feld, so kommt später große Kält'.«

Januar

29

Valerius, Poppo, Radegund, Karl, Aquilin

François Auber, *1782-1871, frz. Komponist*

»Die Tränen des Gekränkten fallen nicht daneben. Sie fallen immer auf das Haupt des Schuldigen.«
Leo Tolstoi

TIPP Eine Kompresse, getränkt mit heißem Wasser und einem halben Teelöffel Eukalyptusöl, verhilft zu einem rosig-frischen Teint und wirkt entspannend.

30

Martina, Serena, Adelgund, Diethild, Maria

Adelbert von Chamisso, *1781-1838, dt.-frz. Dichter*
Franklin Delano Roosevelt, *1882-1945, amerik. Politiker*
Gene Hackman, **1931, amerik. Schauspieler*

»Ich kann den Geist der Musik nicht anders fassen als in der Liebe.« Richard Wagner

TIPP Ein Tee aus Schafgarbe und Kümmel hilft gegen Appetitlosigkeit.

Januar

31

Johannes, Bosco, Eusebius, Marzella, Hemma

Marie Luise Kaschnitz, *1901-1974, dt. Dichterin*
Franz Schubert, *1797-1828, österr. Komponist*

»Die Musik drückt das aus, was nicht gesagt werden kann und worüber zu schweigen unmöglich ist.«
Victor Hugo

»Anfang und End' vom Januar
zeigen das Wetter für's ganze Jahr.«

Februar

01

Sigisbert III., Brigitta, Katharina

Hugo von Hofmannsthal, *1874-1929, österr. Dramatiker*
Boris Jelzin, **1931, russ. Politiker*

»Liebe ist der Morgen der Tugenden, Hass der Abend der Sünden.« Aus Lettland

TIPP Hartnäckige Flecken, besonders bei empfindlichen Textilien, behandeln Sie mit dem ungesalzenen Kochwasser von Kartoffeln oder weißen Bohnen.

02

Dietrich, Markwald, Laurentius, Bodo

MARIÄ LICHTMESS, Darstellung des Herrn

40 Tage nach Christi Geburt erinnert das Fest Mariä Lichtmess oder Kerzweihe an den Besuch Marias im Tempel. In katholischen Gemeinden werden an diesem Tag die Christbäume abgeräumt.

»Lichtmess hell und klar
gibt ein gutes Weinjahr.«

03

Ansgar, Blasius

Georg Trakl, *1887-1914, österr. Lyriker*
Felix Mendelssohn Bartholdy, *1809-1847, dt. Komponist*

»Gott hat den Menschen erschaffen, weil er vom Affen enttäuscht war. Danach hat er auf weitere Experimente verzichtet.« Mark Twain

»Sankt Blasius stößt
dem Winter die Hörner ab.«

04

Veronika, Gilbert, Christian, Rabanus Maurus

Alfred Andersch, *1914-1980, dt. Schriftsteller*
Charles August Lindbergh, *1902-1974, amerik. Flugpionier*
Friedrich Ebert, *1871-1925, dt. Sozialdemokrat und erster Reichspräsident*

TIPP Brötchen vom Vortag schmecken wieder frisch, wenn sie mit kaltem Wasser oder Milch bestrichen und im Ofen gebacken werden. Oder man schneidet sie in Scheiben und legt diese auf die Röstvorrichtung des Toasters.

05

Agatha, Adelheid

Albert Paris Gütersloh, *1887-1973, österr. Maler und Schriftsteller*

»Sankt Agatha, die Gottesbraut, macht, dass Schnee und Eis gern taut.«

TIPP Einem trockenen Husten rücken Sie am besten mit Honig gesüßter, heißer Milch, Leinsamen- und Isländisch Moostee zu Leibe.

06

Paul, Reinhild, Hildegund, Dorothea

»Über Dinge, die dich selbst angehen, musst du andere befragen.« Aus Japan

»Bist du ärgerlich, so zähle bis vier; bist du sehr ärgerlich, so fluche.« Mark Twain

»Überall Nacht ist ohne Liebe, überall Tag, wo Liebe lacht; wenn die Sonne fern auch bliebe, Lieb' ist Mond in sel'ger Nacht.« Franz Grillparzer

07

Richard, Pius IX.

Juliette Greco, **1927, frz. Chansonsängerin*

»Die Menschen kommen durch nichts den Göttern näher, als wenn sie Menschen glücklich machen.« Cicero

»Sonnt sich die Katz' im Februar, muss sie im März hinter den Ofen gar.«

TIPP Bei Blähungen hilft Kindern roher Karottenbrei.

08

Hieronymus

Siegfried Kracauer, *1889-1966, dt. Kulturkritiker*
James Dean, *1931-1955, amerik. Schauspieler*

»Der Pessimist findet zu jeder Lösung ein passendes Problem.« Verfasser unbekannt

TIPP Das Zerkauen einiger Esslöffel trockener Haferflocken lindert schnell Sodbrennen. Ebenso hilfreich ist das Kauen getrockneter Brombeerblätter.

Februar

09

Alto, Apollonia

Alban Berg, *1885-1935, österr. Komponist*

»Es ist die Zeit ein milder Gott.« Sophokles

TIPP Ein Pfund rohes Sauerkraut, über den Tag verteilt gegessen, hilft gegen Zahnfleischentzündungen.

TIPP Betupft man ein Furunkel ständig mit Salzwasser, so heilt es schneller ab.

10

Scholastika, Wilhelm, Bruno

Bertolt Brecht, *1898-1956, dt. Dichter*

»Viel von sich reden machen kann auch ein Mittel sein, sich zu verbergen.« Friedrich Nietzsche

TIPP Ein Schafgarbentee, dem einige Fenchelkörner hinzugefügt wurden, wirkt – kalt angesetzt und gut aufgekocht – hervorragend gegen die Wintergrippe. Schafgarbe stärkt die Widerstandskraft.

11

Theobert, Theodor, Gregor II., Paschalis I.

Else Lasker-Schüler, *1869-1945, dt. Dichterin*
Thomas Alva Edison, *1847-1931, amerik. Erfinder*

»Es ist wunderbar, dass alle geistigen Genüsse durch Mitteilung vermehrt werden ... Geben und reicher werden durch Geben!« Karoline von Günderode

»Wenn's im Februar regnerisch ist,
hilft's so viel wie guter Mist.«

12

Ludanus, Eulalia, Humbelina

Otto Ludwig, *1813-1865, dt. Dramatiker*
Charles Darwin, *1809-1882, engl. Naturforscher*

»Gott rührte den Lehm, aus dem er den Menschen schuf, nicht mit Wasser an, sondern mit Tränen.« Äsop

TIPP Gegen harte, brüchige Fensterleder hilft dieser bewährte Trick: Ein in Salzwasser ausgewaschenes Leder bleibt länger geschmeidig.

Februar

13

Gisela, Adolf, Kastor

Constantin Costa-Gavras, **1933, griech. Filmregisseur*

»Soll Ruhm mir blühen, komm er beizeit! Was hat die Nachwelt mir zu geben? Ich möchte von meiner Unsterblichkeit doch ein paar Jährchen miterleben.«
Paul von Heyse

»Wie das Wetter in den Fastnachtstagen, mag es auch sein in den Ostertagen.«

14

Valentin, Cyrill, Methodius

VALENTINSTAG

Dem Schutz des heiligen Valentin sind die Liebenden unterstellt. Daher beschenken sich Liebende an seinem Gedenktag mit kleinen Aufmerksamkeiten, Blumen und Süßigkeiten. Valentin war Bischof von Terni und starb 268 als Märtyrer.

Alexander Kluge, **1932, dt. Schriftsteller und Regisseur*

15

Siegfried, Sigurd, Drutmar, Theodosius

HAP Grieshaber, *1909-1981, dt. Grafiker*

»Die weiße Gans im Februar
bringt Segen für das ganze Jahr.«

Mit der weißen Gans ist der Schnee gemeint, der eine schützende Decke über der Natur ausbreitet. Der Schnee kann die Vegetation durchaus vor zu großer Kälte bewahren.

16

Juliana, Simeon, Philippa

Joseph Viktor von Scheffel, *1826-1886, dt. Dichter*

»Friert's um Simeon ganz plötzlich,
bleibt der Frost nicht lang gesetzlich.«

TIPP Alte Brennesseljauche oder Schachtelhalm- und Rainfarntee werden auf den Gartenboden gespritzt. Diese natürlichen Dünger dienen zur Pflanzenstärkung und Verbesserung des Bodens.

Februar

17

Benignus, Evermod

Michael Jordan, **1963, amerik. Basketballprofi*

»Der Mensch dachte sich sein eigenes Gegenteil; da hatte er seinen Gott.« Friedrich Hebbel

TIPP Noch ruht die Vegetation, aber Blumen lassen ihr kommendes Erwachen bereits erahnen: Die leuchtenden Farben eines Blumenstraußes halten sich länger, wenn man etwas Soda oder ein Aspirin in der Vase auflöst.

18

Konstantia, Simon

Hedwig Courths-Mahler, *1867–1950, dt. Romanautorin*

»Wer als Herr sich mild erzeigt, auf den herab sieht mild und gnadenreich der Gott.« Aischylos

»Rauer Nordwind im Februar
deutet auf ein gutes Jahr.«

TIPP Gegen Tintenflecken hilft Rhabarbersaft.

19

Hadwig, Irmgard

»Wenn der Bürgermeister seine Pflicht tut, werden kaum vier dasein, die ihn mögen.« Martin Luther

»Wenn im Februar die Mücken geigen,
müssen sie im Märzen schweigen.«

TIPP Nach einem alten Hausrezept verspricht reichliches Trinken von Gurkensaft einen frischen Teint. Er ist ein gutes Entschlackungsmittel.

20

Korona, Jordan, Amata, Falko

Robert Altman, **1925, amerik. Regisseur*

»So viel in dir Liebe wächst, so viel wächst die Schönheit in dir. Denn die Liebe ist die Schönheit der Seele.« Augustinus

TIPP Die im Sommer und Herbst blühenden Ziergehölze können nun noch zurückgeschnitten und so in Form gebracht werden.

Februar

21

Petrus, Gunthild

»Ungleich verteilt sind des Lebens Güter unter der Menschen flüchtgem Geschlecht;
aber die Natur, sie ist ewig gerecht.«
Friedrich von Schiller

Ist der Februar trocken und kalt,
kommt im Frühjahr Hitze bald.

TIPP Die Vogelfütterung sollte nun eingestellt werden.

22

Isabella, Margareta

George Washington, *1732-1799, amerik. Staatsmann*
Luis Buñuel, *1900-1983, span. Filmregisseur*

»Es gibt zwei Klassen von Menschen, die Gerechten und die Ungerechten. Die Einteilung wird von den Gerechten gemacht.« Blaise Pascal

TIPP Eine angewärmte Zitrone ergibt beim Auspressen mehr Saft!

23

Polykarp, Romana

Erich Kästner, *1899-1974, dt. Satiriker und Autor*
Georg Friedrich Händel, *1685-1759, dt. Komponist*

»Der Wechsel von Tag und Nacht, der Jahreszeiten, der Blüten und Früchte, und was uns sonst von Epoche zu Epoche entgegentritt, damit wir es genießen können und sollen, diese sind die eigentlichen Triebfedern des irdischen Lebens.«
Johann Wolfgang von Goethe

24

Matthias, Irmengard

Franz Burda, *1903-1986, dt. Verleger*

»Besser ein weiser Tor als ein törichter Weiser.«
Shakespeare

TIPP Es gibt hunderte von Tricks gegen Schluckauf. Wir empfehlen diesen: Wenn Sie ein Schluckauf plagt, dann lassen Sie einen Teelöffel Zucker langsam auf der Zunge zergehen. Sie werden erstaunt sein!

Februar

25

Walburga, Adeltrud

Franz Xaver Kroetz, **1946, dt. Dramatiker*
Karl May, *1842-1912, dt. Schriftsteller*
Gert Fröbe, *1913-1988, dt. Schauspieler*

»Leichter lässt sich eine glühende Kohle auf der Zunge halten als ein Geheimnis.« Sokrates

»Februar mit Frost und Wind
macht die Ostertage lind.«

26

Dionysius, Mechthild

Victor Hugo, *1802-1885, frz. Dichter*
Johnny Cash, **1932, amerik. Countrysänger*

»Die Zukunft hat viele Namen. Für die Schwachen ist sie das Unerreichbare. Für die Furchtsamen ist sie das Unbekannte. Für die Tapferen ist sie die Chance.« Victor Hugo

TIPP Ein roher, geriebener Apfel hilft bei Durchfall.

Februar

27

Bettina, Markwald, Baldomer

»An Zerstreuung lässt es uns die Welt nicht fehlen. Wenn ich lese, will ich mich sammeln.«
Johann Wolfgang von Goethe

28

Roman, Silvana, Theodulf

»Im Alter versteht man besser, die Unglücksfälle zu verhüten, in der Jugend versteht man besser, sie zu ertragen.« Arthur Schopenhauer

29

Oswald

Gioacchino Rossini, *1792-1868, ital. Komponist*

»Eine Frau kann jederzeit hundert Männer täuschen, aber nicht eine einzige Frau.« Michèle Morgan

März

01

Albin, Roger, David, Swidbert

Frédéric Chopin, *1810-1849, poln. Komponist*
Harry Belafonte, **1927, amerik. Entertainer*
Glenn Miller, *1904-1944, amerik. Bandleader*

»Lässt der März sich trocken an,
bringt er Brot für jedermann.«

TIPP Mit Kamillentee lässt sich blondes Haar natürlich aufhellen.

02

Karl, Agnes

Kurt Weill, *1900-1950, dt. Komponist*
Michail Gorbatschow, **1931, russ. Politiker*
Bedřich Smetana, *1824-1884, tschech. Komponist*

»Es macht in der Gesellschaft nichts lächerlicher, als wenn man ein fremdes, ein Kunstwort falsch anwendet.«
Johann Wolfgang von Goethe

»Ein grüner März bringt selten etwas Gutes.«

03

Friedrich, Kunigunde

Jean Harlow, *1911-1937, amerik. Schauspielerin*
Heitor Villa-Lobos, *1887-1959, brasil. Komponist*

»Es gibt eine Art von leerem Geschwätz, dem man durch Neuigkeit des Ausdrucks und unerwartete Metaphern das Ansehen von Fülle gibt.« Georg Chr. Lichtenberg

»Wenn es donnert um Kunigund,
treibt's der Winter noch lange bunt.«

04

Kasimir, Rupert, Walburga, Humbert

»Wie schade, dass so wenig Raum ist zwischen der Zeit, wo man zu jung, und der, wo man zu alt ist.«
Montesquieu

»Märzenregen bringt keinen Segen.«

TIPP Öl- und Fettflecken lassen sich mithilfe nasser Zigarettenasche leicht von Fensterscheiben und Spiegeln entfernen.

März

05

Dietmar, Oliva

»Ältere Bekanntschaften und Freundschaften haben neuen hauptsächlich das voraus, dass man sich einander schon viel verziehen hat.« Johann Wolfgang von Goethe

TIPP Wollen Sie einen festen Doseninhalt, wie z. B. Wurst oder Pastete, in einem Stück aus der Dose lösen, um ihn appetitlich anzurichten, so öffnen Sie die Dose einfach von beiden Seiten; auf diese Weise können Sie den Inhalt leicht herausdrücken.

06

Fridolin, Mechthild, Coleta

»Lernen, ohne zu denken, ist eitel. Denken, ohne zu lernen, gefährlich.« Konfuzius

TIPP Um die Wurzeln der Unkräuter wie beispielsweise Quecke und Hahnenfuß zu ersticken, können Sie im Frühjahr eine Mischung aus Erbsen, Hafer und Wicken aussäen. Auf dem im Juni abgeernteten Boden, der nun reich an Stickstoff ist, kann anschließend Gemüse angepflanzt werden.

März

07

Perpetua, Felizitas, Volker, Reinhard

Maurice Ravel, *1875-1937, frz. Komponist*

»Tue nichts im Leben, was dich beschämt, wenn es dein Nachbar bemerken würde.« Epikur

»Wer wässert im März und im Mai,
hat Wiesen, aber kein Heu.«

TIPP Bei Schlaflosigkeit hilft ein Baldriantee mit Honig.

08

Johannes von Gott, Eddo, Michael

Otto Hahn, *1879-1968, dt. Chemiker und Physiker*
Walter Jens, **1923, dt. Autor und Literaturwissenschaftler*

»Mit Narren leben wird dir gar nicht schwer,
Versammle nur ein Tollhaus um dich her.
Bedenke dann, das macht dich gleich gelind,
Dass Narrenwächter selbst auch Narren sind.«
Johann Wolfgang von Goethe

März

09

Franziska, Bruno, Dominikus

Juri A. Gagarin, *1934-1968, sowjet. Kosmonaut*

»Oft verbirgt sich der Geiz unter dem Namen der Sparsamkeit, die Verschwendung unter dem Namen der Freigebigkeit.« Gregor der Große

TIPP Johanniskrautöl wirkt blutstillend, schmerzlindernd und fördert die Wundheilung bei Schnittwunden und Verbrennungen.

10

Emil, Gustav

Joseph von Eichendorff, *1788-1857, dt. Dichter*
Friedrich von Schlegel, *1772-1829, dt. Literaturtheoretiker*

»Die Welt mit ihrem Gram und Glücke will ich, ein Pilger, froh bereit betreten nur wie eine Brücke zu dir, Herr, über den Strom der Zeit.« Joseph von Eichendorff

»Verstand ist mechanischer, Witz chemischer, Genie ist organischer Geist.« Schlegel

11

Rosina, Alram, Ulrich, Rosamunde

»Den Edeln erhebt der Wein, den Niedrigen entwürdigt er.« Talmud

»Bringt Rosamunde Sturm und Wind,
so ist Sybilla (29. April) uns gelind.«

TIPP Wollen Sie zum Garnieren nicht immer Sahne in kleinen Mengen schlagen, so frieren Sie die Sahnetupfer ein und belegen Ihre Kuchen damit bei Bedarf.

12

Almud, Beatrix

Paul Gerhardt, *1607-1676, dt. Liederdichter*
Al Jarreau, **1940, amerik. Jazzmusiker*

»Der Tag ist nun vergangen,
die güldnen Sternlein prangen
am blauen Himmelssaal;
also werd ich auch stehen,
wenn mich werd heißen gehen
mein Gott aus diesem Jammertal.« Paul Gerhardt

März

13

Paulina, Leander, Judith

Hugo Wolf, *1860-1903, österr. Komponist*

»Man soll seinen Kindern eine tüchtige Portion von Zucht und Sitte hinterlassen, nicht aber Gold.« Platon

»Im Märzen Tau, um Pfingsten Reif,
im August ein Nebelstreif.«

TIPP Sie sollten nun Ihre Rosen zurückschneiden.

14

Mathilde, Einhart

Albert Einstein, *1879-1955, dt. Physiker*

»Die Naturwissenschaft ohne Religion ist lahm, die Religion ohne Naturwissenschaft ist blind.« Albert Einstein

TIPP Ohrenschmerzen können kurzfristig mit einem warmen Säckchen gelindert werden. Füllen Sie dazu ein Leinensäckchen mit gekochten Zwiebeln oder Kartoffeln. Dieses wird auf das schmerzende Ohr gelegt.

15

Klemens, Zacharias, Luise, Pius

Zarah Leander, *1907-1981, schwed. Schauspielerin und Sängerin*

»Auch das ist Lüge und oft die kläglichste von allen: sich anzustellen, als wenn man einem Lügner seine Lüge glaubte.« Arthur Schnitzler

»Taut's im März nach Sommerart,
bekommt der Lenz einen weißen Bart.«

16

Heribert, Gummar

Isabelle Huppert, **1953, frz. Schauspielerin*

»Wenn man glücklich ist, sollte man nicht noch glücklicher sein wollen.« Theodor Fontane

»Was der März nicht will,
holt sich der April.
Was der April nicht mag,
steckt der Mai in den Sack.«

März

17

Patrick, Konrad, Gertrud

Siegfried Lenz, **1926, dt. Schriftsteller*

»Der körperliche Zustand hängt sehr viel von der Seele ab. Man suche sich vor allem zu erheitern und von allen Seiten zu beruhigen.« Wilhelm von Humboldt

»Auf Märzenregen folgt kein Sommersegen.«

»Märzenblüte ist ohne Güte.«

18

Cyrill, Eduard

Christian Friedrich Hebbel, *1813-1863, dt. Dramatiker*
Christa Wolf, **1929, dt. Schriftstellerin*

»Beneide niemanden, denn du weißt nicht, ob der Beneidete im Stillen nicht etwas verbirgt, was du bei einem Tausche nicht übernehmen möchtest.« August Strindberg

»Donnert's in den März hinein,
wird der Roggen gut gedeih'n.«

Joseph **19**

Max Reger, *1873-1916, dt. Komponist*

»Wenn's einmal um Josephi ist,
dann weicht der Winter ganz gewiss.«

TIPP Regelmäßiger Genuss von Oliventee beugt Gallensteinen vor oder hilft sogar, diese auszuschwemmen. Ebenso hilfreich bei Gallenbeschwerden ist Rettich als reiner Saft oder mit Honig und Zucker angesetzt.

Wolfram, Irmgard **20**

Friedrich Hölderlin, *1770-1843, dt. Dichter*

»Alles prüfe der Mensch, sagen die Himmlischen, dass er, kräftig genährt, danken für alles lern und verstehe die Freiheit aufzubrechen, wohin er will.«
Friedrich Hölderlin

TIPP Beim Pflanzen von Obstgehölzen muss die Veredelungsstelle über dem Boden liegen.

März

21

Frühlingsanfang

Christian, Axel, Benedikt

Jean Paul, *1763-1825, dt. Dichter*
Johann Sebastian Bach, *1685-1750, dt. Komponist*
Modest Mussorgski, *1839-1881, russ. Komponist*

»Wer innerlich reich ist, braucht mit der Hingabe nicht zu geizen.« Johann Sebastian Bach

»Willst du Gerste, Erbsen, Zwiebeln dick,
so säe an Sankt Benedikt.«

22

Lea, Elmar, Clemens

André Heller, **1947, österr. Aktionskünstler*

»Von allen Geschenken, die uns eine weise Voraussicht gewährt, um das Leben völlig beglückend zu gestalten, ist Freundschaft das schönste.« Epikur

TIPP Eine Tasse heiße Milch mit Honig oder in Milch aufgekochte Zwiebeln sind natürliche und wirksame Schlafmittel.

23

Turibio, Merbot, Rebekka

Lale Andersen, *1908-1972, dt. Sängerin und Schauspielerin*

»Verurteile keinen Menschen und halte kein Ding für unmöglich, denn es gibt keinen Menschen, der nicht seine Zukunft hätte, und es gibt kein Ding, das nicht seine Stunde bekäme.« Talmud

»Siehst du im März gelbe Blumen im Freien, magst du getrost deinen Samen streuen.«

24

Elias, Katharina

Dario Fo, *1926-1999, ital. Dramatiker und Regisseur*
Martin Walser, **1927, dt. Schriftsteller*

»Wer dem großen Glück nachläuft, entläuft der Ruhe.« Jüdisches Sprichwort

TIPP Durch etwa zwanzig Zentimeter lange Stecklinge können Sie Ihre Beerensträucher, wie z. B. die Johannisbeere, vermehren.

25

Jutta, Annunziata, Nuncia, Ancilla, Prokop

MARIÄ VERKÜNDIGUNG,
Verkündigung des Herrn

Neun Monate vor der Geburt Christi feiert die Kirche die durch den Engel Gabriel an Maria überbrachte Ankündigung der Geburt des Erlösers. Beim Volk wurde dieses Fest zum Frühlings- und Hoffnungsfest.

Béla Bartók, *1881-1945, ungar. Komponist*

26

Ludger, Larissa

Pierre Boulez, **1925, frz. Dirigent und Komponist*

»Dulde und trage, bessere Tage werden kommen. Alles muss frommen denen, die fest sind. Herz, altes Kind, dulde und trage.« Christian Morgenstern

TIPP Um Ihre Aussaat vor gefräßigen Vögeln zu schützen, können Sie ein engmaschiges Drahtgitter, das in einen Holzrahmen gespannt ist, darüber legen.

27

Frowin, Haimo

Heinrich Mann, *1871-1950, dt. Schriftsteller*

»Freundschaft und Liebe bedürfen des Vertrauens, des tiefsten und eigentlichsten, aber bei großartigen Seelen nie der Vertraulichkeiten.« Wilhelm von Humboldt

TIPP Wenn der Boden abgetrocknet und frostfrei ist, können bereits herbstblühende Stauden, Farne und Gräser gepflanzt werden.

28

Guntram, Gundelind, Wilhelm

Maxim Gorki, *1868-1936, russ. Schriftsteller und Dramatiker*

»Wenn Märzennebel hundert Tage vorüber sind, kommt Regen und Gewitterwind.«

TIPP Bei einem Obstkuchen läuft der Saft nicht auf das Blech, wenn man den Zucker durch Gelierzucker ersetzt. Bei besonders saftigem Obst wird der Rand ringsum mit Apfelschnitzen belegt.

März

29

Helmut, Ludolf

Ernst Jünger, *1895-1998, dt. Schriftsteller*

»Jeder Mensch hat einen gewissen Kreis, in welchem er auf unnachahmliche Weise wirken kann. Je kleiner das Reich, desto gesammelter seine Kraft.«
Johann Wolfgang von Goethe

»Der März soll wie ein Wolf kommen
und wie ein Lamm gehen.«

30

Quirin, Diemut, Dodo

»Wer Freiheiten aufgibt, um Sicherheit zu gewinnen, verdient weder Freiheit noch Sicherheit.« Benjamin Franklin

»Märzenstaub bringt Gras und Laub.«

TIPP Schwarzer Johannisbeersaft kann zur Linderung Ihrer Beschwerden bei Heiserkeit beitragen. Johannisbeeren haben überdies sehr viel Vitamin C. Wer zu Sodbrennen neigt, sollte nicht zu viel davon trinken.

März

31

Kornelia, Guido, Benjamin, Lambert

René Descartes, *1596-1650, frz. Philosoph und Naturforscher*
Joseph Haydn, *1732-1809, österr. Komponist*

»Ich bin zwar anderer Meinung als Sie, aber ich würde mein Leben dafür geben, dass Sie Ihre Meinung frei aussprechen dürfen.« René Descartes

»Auf einen freundlichen März
folgt ein freundlicher April.«

April

01

Hugo, Irene

Otto von Bismarck, *1815-1898, dt. Reichskanzler*

»Einen wirklich großen Mann erkennt man an drei Dingen: Großzügigkeit im Entwurf, Menschlichkeit in der Ausführung und Mäßigkeit beim Erfolg.«
Otto von Bismarck

»Säen am ersten April
verdirbt den Bauern mit Stumpf und Stiel.«

02

Franz, Sandrina, Thetwif

A. H. Hoffmann von Fallersleben, *1798-1874, dt. Dichter*
Émile Zola, *1840-1902, frz. Dichter*
Alec Guiness, **1914, engl. Schauspieler*

»Einigkeit und Recht und Freiheit sind des Glückes Unterpfand.« A. H. Hoffmann von Fallersleben

»Das Schicksal prolongiert einen Wechsel meistens zweimal, bevor es ihn präsentiert.« Émile Zola

03

Irene, Richard, Liudbirg

»Man darf das Schiff nicht an einen einzigen Anker und das Leben nicht an eine einzige Hoffnung binden.« Epiktet

»Bald trüb und rau, bald licht und mild, ist der April des Menschen Ebenbild.«

TIPP Hautausschläge und Flechten können durch Auflegen von Himbeerblättern behandelt werden.

04

Isidor, Ambrosius, Konrad

Aki Kaurismäki, **1957, finn. Regisseur*

»Ich denke Gott mir, sprach die Mücke, viel tausendmal so groß wie mich; in ewigem Glanz, in ewigem Glücke surrend tanzt und sonnt er sich.« Viktor von Scheffel

TIPP Halsschmerzen können Sie lindern und bekämpfen, indem Sie vor dem Zubettgehen Bier trinken. Es sollte möglichst heiß sein.

April

05

Vinzenz, Kreszentina, Juliana

Franziska van Almsick, **1978, dt. Schwimmerin*

»Verehre die Wege der Vorsehung auch da, wo sie deinen blöden Augen ungerecht erscheinen.«
Johann Gottfried Herder

TIPP Gegen Nasenbluten hilft ein kalter Waschlappen, den Sie auf den Nacken legen. Sie dürfen den Kopf nicht nach hinten beugen.

06

Wilhelm, Petrus, Notker

Helmut Griem, **1932, dt. Schauspieler*

»Man altert nur von 25 bis 30. Was sich bis dahin erhält, wird sich wohl auf immer erhalten.« Friedrich Hebbel

»Warmer Aprilregen bringt großen Segen.«

TIPP Ein Waldmeistertee stärkt Herz und Kreislauf und hilft so auch gegen Frühjahrsmüdigkeit.

April

07

Johannes Baptist, Hermann

Billie Holiday, *1915-1959, amerik. Jazzsängerin*

»Wenn der April kommt wie ein Löwe, geht er wie ein Lamm.«

TIPP Die Frühkartoffeln sollten Anfang April, die Spätkartoffeln Ende dieses Monats gelegt werden. Um gesunde Kartoffeln ernten zu können, ist es ratsam, an den Enden der Kartoffelreihen Meerrettich zu pflanzen.

08

Beate, Walter

Jacques Brel, *1929-1978, belg.-frz. Chansonier*

»Heller Mondschein im April schadet den Blüten viel.«

TIPP Der aromatische und würzige grüne Spargel kann nun bis Mitte des Monats gepflanzt werden. Er ist pflegeleichter und ertragreicher als der weiße Spargel, da er nicht geschält werden muss.

April

09

Waltraud, Konrad I.

Jean-Paul Belmondo, **1933, frz. Schauspieler*
Charles Baudelaire, *1821-1867, frz. Dichter*

»Vollkommene Aufrichtigkeit ist der Weg zur Originalität.« Charles Baudelaire

TIPP Wenn Sie den Rhabarber durch Folie geschützt haben, kann dieses schmackhafte und gesunde Gemüse bereits geerntet werden.

10

Fulbert, Hulda, Engelbert

Alfred Kubin, *1877-1959, österr. Grafiker und Schriftsteller*
Stephan Heym, **1913, dt. Schriftsteller*

»Es ist gut, wenn man reich ist, und es ist gut, wenn man stark ist, aber noch besser ist es, wenn man von vielen Freunden geliebt wird.« Euripides

»Wenn der April Spektakel macht,
gibt's Korn und Heu in voller Pracht.«

11

Stanislaus, Reiner, Gemma

»Man hilft den Menschen nicht, wenn man für sie tut, was sie selbst tun können.« Abraham Lincoln

»Aprilwetter und Frauensinn –
veränderlich von Anbeginn.«

TIPP Wer sich am Vogelgesang in seinem Garten erfreuen will, sollte eine mit immer frischem Wasser gefüllte Vogeltränke aufstellen und Nistkästen anbringen.

12

Zeno, Julius, Herta

Lionel Hampton, **1914, amerik. Jazzmusiker*
Montserrat Caballé, **1933, span. Sopranistin*

»Über das Kommen mancher Menschen tröstet uns nichts als die Hoffnung auf ihr Gehen.«
Marie von Ebner-Eschenbach

TIPP Sie bauen leicht eine Schneckenfalle für Ihren Garten, indem Sie ein Gefäß mit Bier mit dem Rand bodenbündig in die Erde setzen.

April

13

Martin I., Hermengild, Ida

Samuel Beckett, *1906-1989, ir.-frz. Schriftsteller*

»Die Wurzeln erzählen den Zweigen nicht, was sie von ihnen halten.« Aus dem Kongo

»Ist der April zu schön,
kann im Mai der Schnee noch weh'n.«

TIPP Löwenzahntee hilft bei Gallenbeschwerden.

14

Hadwig, Lidwina, Ernestine, Tiburtius

»Im selben Maß du willst empfangen, musst du geben, willst du ein ganzes Herz, so gib ein ganzes Leben.« Friedrich Rückert

»Donner im April
viel Gutes künden will.«

TIPP Weiße Wäsche strahlt wieder, wenn Sie Eierschalen in einem Stoffbeutel mitkochen.

15

Nidker, Huna

Wilhelm Busch, *1832-1908, dt. Humorist und Zeichner*
Leonardo da Vinci, *1452-1519, ital. Maler und Konstrukteur*
Richard Freiherr von Weizsäcker, **1920, dt. Politiker*

»Ich nahm die Wahrheit mal aufs Korn
und auch die Lügenfinten.
Die Lüge macht sich gut von vorn,
die Wahrheit mehr von hinten.«
Wilhelm Busch

16

Bernadette, Benedikt

Peter Ustinov, **1921, engl. Schauspieler, Regisseur und Autor*

»Ein Optimist ist jemand, der genau weiß, wie traurig die Welt sein kann, während der Pessimist täglich neu zu dieser Erkenntnis gelangt.« Peter Ustinov

»Aprilschnee düngt,
Märzenschnee frisst.«

17

Rudolf, Wando, Eberhard

Chris Barber, **1930, engl. Jazzmusiker*
Tania Blixen, *1885-1962, dän. Schriftstellerin*

»Nicht wer wenig hat, sondern wer viel wünscht, ist arm.« Seneca

TIPP Quark mit einem Löffel Honig verrührt ergibt eine wunderbar pflegende Gesichtsmaske. Sobald der Quark trocken ist, waschen Sie ihn ab.

18

Herluka, Aya, Wikterp

Marcia Haydée, **1937, brasil. Balletttänzerin und Choreografin*

»Wir haben das Leben zu überstehen; aber die einzige Art, damit fertig zu werden, ist die, dass man es liebt.« Verfasser unbekannt

»Aprilwetter und Kartenglück
wechseln jeden Augenblick.«

19

Leo IX., Gerold, Autbert, Werner

August Wilhelm von Iffland, *1759-1814, dt. Dramatiker, Schauspieler und Theaterleiter*
Fernando Botero, **1932, kolumb. Maler und Bildhauer*

»Das höchste Glück des Lebens ist die Gewissheit, dass wir geliebt werden.« Victor Hugo

»April nass und kalt,
wächst das Korn wie ein Wald.«

20

Odette, Hildegund

»Das Alter, das man haben möchte, verdirbt das Alter, das man hat.« Paul von Heyse

»Ist der April zu gut,
schickt er dem Schäfer Schnee auf den Hut.«

TIPP Krallen Sie vor schmutziger Arbeit, bei der Sie keine Handschuhe tragen können, Ihre Nägel in Seife. Sie lassen sich so hinterher leicht reinigen.

21

Anselm, Konrad

Elizabeth II., **1926, engl. Königin*

»Bläst der April mit beiden Backen, gibt's genug zu jäten und zu hacken.«

TIPP Lagern Sie unterschiedliche Brotsorten, beispielsweise Grau- und Schwarzbrot, nicht zusammen. Bewahren Sie die Sorten getrennt auf, um eine schnelle Schimmelbildung zu verhindern.

22

Wolfhelm, Kajus

Immanuel Kant, *1724-1804, dt. Philosoph*
Wladimir Iljitsch Lenin, *1870-1924, russ. Revolutionär*

»Handle stets so, dass die Maxime deines Willens jederzeit als Grundlage einer allgemeinen Gesetzgebung dienen könnte.« Immanuel Kant

»Sage mir, wer dich lobt, und ich sage dir, worin dein Fehler besteht.« Wladimir Iljitsch Lenin

April

23

Georg, Adalbert, Gerhard

Halldór Laxness, *1902-1998, isl. Schriftsteller*
Sergei Prokofjew, *1891-1953, russ. Komponist*

»Was die Menschen trennt, ist gering gemessen an dem, was sie einen könnte.«
Halldór Laxness

»Auf Sankt Georgs Güte stehen alle Bäum' in Blüte.»

24

Fidelis, Wilfrid, Egbert

Jean-Paul Gaultier, **1952, frz. Modedesigner*

»Nur wer den Menschen liebt, wird ihn verstehen. Wer ihn verachtet, ihn nicht einmal sehen.«
Christian Morgenstern

TIPP Beim Fensterputzen hilft folgender Trick: Reiben Sie die Scheiben mit Zeitungspapier nach. So können Sie die lästigen Putzstreifen vermeiden.

April

25

Erwin, Markus, Hermann

Guglielmo Marconi, *1874-1937, ital. Erfinder*
Ella Fitzgerald, *1918-1996, amerik. Jazzsängerin*

»Sieh, das ist Lebenskunst: Vom schieren Wahn des Lebens sich befreien, fein hinzulächeln übers große Muss.« Christian Morgenstern

»Donner im April
ist des Bauern Will'.«

26

Trudpert, Kletus, Ratbert

Ludwig Uhland, *1787-1862, dt. Dichter*
Marianne Hoppe, **1909, dt. Schauspielerin*
Ludwig Wittgenstein, *1889-1951, österr. Philosoph*

»Du kamst, du gingst mit leiser Spur, ein flüchtger Gast im Erdenland. Woher? Wohin? Wir wissen nur: aus Gottes Hand in Gottes Hand.« Ludwig Uhland

»Aprilenglut tut selten gut.«

27

Petrus, Salman, Zita

Hans Joachim Kulenkampff, *1921-1998, dt. Schauspieler und Showmaster*

»Die Sorge geziemt dem Alter, damit die Jugend eine Zeit lang sorglos sein könne.« Johann Wolfgang von Goethe

TIPP Eine vorsichtige, sanfte Massage mit einer in Salzwasser getränkten Zahnbürste verhilft Ihnen zu roten und weichen Lippen.

28

Pierre, Hugo

Karl Kraus, *1874-1936, österr. Journalist und Satiriker*

»Wenn du auf der Höhe gehst, kannst du gut in die Ferne schauen.« Mongolisches Sprichwort

»Nur die Wahrheit beleidigt.« Aus Frankreich

»Maikäfer, die im April schwirren,
müssen meist im Mai erfrieren.«

29

Katharina, Irntrud, Dietrich

Duke Ellington, *1899-1974, amerik. Jazzmusiker*

»Mancher findet nur darum ein Haar in der Suppe, weil er das Haupt schüttelt, solange er isst.« Friedrich Hebbel

TIPP Wenn Ameisen in die Küche kommen, ist es ausgesprochen unangenehm. Legen Sie an Türen und Fenstern Gewürznelken, Kerbel, Lavendel oder Majoran aus, denn Ameisen mögen diese Düfte nicht.

30

Pius V., Quirin, Pauline, Rosamunde

Franz Léhar, *1870-1948, ungar. Komponist*
Carl XVI. Gustav, **1946, König von Schweden*

»Nicht durch die Kraft höhlet der Tropfen den Stein, sondern durch häufiges Fallen.« Ovid

TIPP Steht heute noch der traditionelle Tanz in den Mai auf dem Programm? Das Einreiben der Schläfen mit Franzbranntwein vertreibt Müdigkeit.

Mai

01

Josef, Markulf, Evermar, Arnold

MAIFEIERTAG, TAG DER ARBEIT

»Das Vergleichen ist das Ende des Glücks und der Anfang der Unzufriedenheit.« Sören Kierkegaard

TIPP Seit Gründung der Zweiten Internationale 1889 in Paris gilt der erste Mai als Kampftag der Arbeiterbewegung. Nach dem Ersten Weltkrieg wurde er in den meisten europäischen Ländern zum gesetzlichen Feiertag.

02

Athanasius, Sigismund, Boris

Novalis, *1772-1801, dt. Dichter*
Gottfried Benn, *1886-1956, dt. Dichter*
Bing Crosby, *1904-1977, amerik. Sänger und Schauspieler*

»Das Ich ist nichts anderes als Wollen und Vorstellen.« Novalis

»Kein größerer Schmerz ist denkbar, als sich erinnern an die Zeit des Glückes im Unglück.« Dante

03

Jakobus, Philippus, Alexander I.

August von Kotzebue, *1761-1819, dt. Dramatiker*
Marcel Dupré, *1886-1971, frz. Organist und Komponist*

»Philipp und Jakob nass,
macht den Bauern Spaß.«

TIPP Wenn Spargel bereits einige Tage alt ist, dann legen Sie ihn vor dem Schälen etwa eine Stunde in kaltes Wasser. Dadurch gewinnt er an Frische.

04

Florian, Guido, Valeria

Audrey Hepburn, *1929-1993, amerik. Schauspielerin*
Keith Haring, *1958-1990, amerik. Graffitikünstler*

»Nichts auf der Welt wirkt so ansteckend wie Gelächter und gute Laune.« Charles Dickens

TIPP Verbände aus Spitzwegerich- und Huflattichblättern gelten in der alten Hausapotheke als Heilmittel für Quetschungen.

Mai

05

Godehard, Jutta

Karl Marx, *1818-1883, dt. Geschichtsphilosoph*

»So wie der Mai
werden Obst und Heu.«

TIPP Der anfallende Rasenschnitt dient als wertvolles Mulchmaterial im Gemüsegarten, für offene Baumscheiben und Sträucher. Er sollte aber nicht feucht, sondern angetrocknet ausgebracht werden.

06

Antonia, Gundula, Markward

Hanns Dieter Hüsch, **1925, dt. Kabarettist*
Christian Morgenstern, *1871-1914, dt. Dichter*
Rabindranath Tagore, *1861-1941, ind. Dichter und Philosoph*

»Man sieht oft etwas hundertmal, tausendmal, ehe man es zum allerersten Mal wirklich sieht.«
Christian Morgenstern

»Regen im Mai bringt Wohlstand und Heu.«

07

Notker, Gisela

Peter Tschaikowski, *1840-1893, russ. Komponist*

»Wünsche hören auf, bescheiden zu sein, wenn in ihrer Erfüllung unsre Glückseligkeit liegt – auf Wunder rechnet man nicht, wenn man sich fähig fühlt, Wunder zu tun.«
Caroline Schlegel-Schelling

08

Friedrich, Desideratus, Wolfhild

Keith Jarrett, **1945, amerik. Jazzmusiker*

»Wer nur hofft, dass es besser wird, statt etwas dafür zu tun, darf sich nicht wundern, wenn sich die Hoffnungen zerschlagen und die Befürchtungen bewahrheiten.« Johann Wolfgang von Goethe

TIPP Selleriesaft gilt als Naturheilmittel gegen Gicht und Rheuma.

Mai

09

Ottokar III., Beatus, Volkmar

Zita von Bourbon und Parma, *1892-1989, Gemahlin des letzten österrr. Kaisers*

»Reich ist man nicht durch das, was man besitzt, sondern mehr noch durch das, was man mit Würde zu entbehren weiß.« Epikur

»Im Mai viel Wind
begehrt des Bauern Gesind'.«

10

Bertram, Gordianus

Johann Peter Hebel, *1760-1826, dt. Theologe und Pädagoge*
Fred Astaire, *1899-1987, amerik. Tänzer und Schauspieler*

»Tanz ist ein Telegramm an die Erde mit der Bitte um Aufhebung der Schwerkraft.« Fred Astaire

TIPP Ist Ihr Silberbesteck fleckig geworden, können Sie es für einige Zeit in saure Milch legen. Dann waschen Sie es mit lauwarmem Wasser ab und reiben es trocken.

11

Gangolf, Mamertus

Rose Ausländer, *1901-1988, dt.-rum. Lyrikerin*
Salvador Dalí, *1904-1989, span. Maler*

»Der Unterschied zwischen mir und einem Verrückten besteht darin, dass ich nicht verrückt bin.« Salvador Dalí

TIPP Nicht vergessen: Im Blütenmonat Mai müssen bei Trockenheit die neu gesetzten Pflanzen regelmäßig gegossen werden.

12

Pankratius, Imelda

Joseph Beuys, *1921-1986, dt. Künstler*

»Vielen teile deine Freuden, allen Munterkeit und Scherz, wenig Edlen deine Leiden, Auserwählten nur dein Herz.« J. G. von Salis-Seewis

TIPP Eingelegte Gurken halten sich sehr viel länger, wenn Sie ein Stück Meerrettich ins Glas hinzugeben. Am besten ist frischer Meerrettich.

Mai

13

Servatius

Daphne du Maurier, *1907-1989, engl. Schriftstellerin*

»Die Erinnerung ist das einzige Paradies, aus dem wir nicht vertrieben werden können.« Jean Paul

»Maienfröste – unnütze Gäste.«

TIPP Schwarzes Haar bekommt durch eine Schwarztee-Spülung seidigen Glanz.

14

Christian, Paschalis I.

George Lucas, **1944, amerik. Regisseur und Produzent*

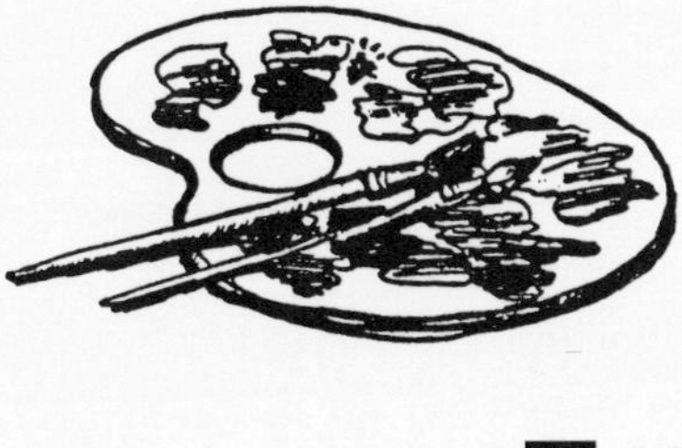

»Für einen Künstler ist es vor allem gefährlich, gelobt zu werden.« Edvard Munch

»Donnert es im Mai recht viel,
hat der Bauer ein gutes Spiel.«

TIPP Malventee lindert den Hustenreiz sehr gut.

15

Sophia, Rupert, Isidor

Arthur Schnitzler, *1862-1931, österr. Dichter*
Max Frisch, *1911-1991, schweiz. Schriftsteller*

»Vor Nachtfrost sicher bist du nicht,
bevor Sophie vorüber ist.«

»Widerwärtig nennen wir das Traurige, dem es nicht vergönnt ist, sich auf irgendeine Weise in Schönheit aufzulösen.« Arthur Schnitzler

16

Johannes von Nepomuk, Ubald

Henry Fonda, *1905-1982, amerik. Schauspieler*

»Wer Hafer sät im Mai,
der hat viel Spreu.«

Der bekannteste Brückenheilige, Johannes von Nepomuk, wurde 1393 in der Moldau in Prag ertränkt. Der Patron der Beichtväter ist der Legende nach wegen der strikten Einhaltung des Beichtgeheimnisses ermordet worden.

Mai

17

Walter, Paschalis, Dietmar

Erik Satie, *1866-1925, frz. Komponist*
Dennis Hopper, **1936, amerik. Schauspieler und Regisseur*

»Man muss sich an zwei Dinge gewöhnen, um das Leben erträglicher zu finden: an schlechtes Wetter und die Ungerechtigkeit der Menschen.« Sebastian Chamfort

TIPP Knarrende Schuhe werden durch Bestreichen der Sohlen mit Sonnenblumenöl zu leisen Schleichern.

18

Johannes I., Erich IX., Burkhard, Dietmar, Felix

Dame Margot Fonteyn de Arias, *1919-1991, engl. Balletttänzerin*

»Wer möchte nicht lieber durch Glück dümmer als durch Schaden klug werden?« Salvador Dalí

TIPP Um Obstbäume vor Blatt- und Blutläusen zu schützen, kann Kapuzinerkresse oder Tagetes unter die Bäume gepflanzt werden.

19

Alkuin, Kuno, Ivo

»Fordere viel von dir selbst, und erwarte wenig von andern, so bleibt dir mancher Ärger erspart.« Konfuzius

»Mai kühl und nass,
füllt dem Bauern Scheun' und Fass.«

TIPP Eine versalzene Suppe lässt sich durch einen einfachen Trick retten: Meist hilft das Mitkochen eines Silberlöffels.

20

Bernhard, Valeria, Elfriede

Wolfgang Borchert, *1921-1947, dt. Lyriker und Dramatiker*

»Bedenke, dass du nur Schauspieler bist in einem Stücke, das der Spielleiter bestimmt.« Epiktet

»Kühler Mai bringt allerlei,
gut Geschrei, Gras und Heu.«

TIPP Schmierseifenlösung hilft gegen Schädlinge.

Mai

21

Hermann, Joseph, Konstantin der Große, Wiltrud

Marcel Breuer, *1902-1981, ungar.-amerik. Architekt und Designer*

»Sei heiter! Es ist gescheiter als alles Gegrübel: Gott hilft weiter – zur Himmelsleiter werden die Übel.« Theodor Fontane

TIPP Ein Esslöffel rotes Johannisbeergelee verleiht Rotkohl eine besondere Note. Bei Weißkohl empfiehlt sich etwas Apfelgelee.

22

Julia, Ämilius, Rita, Renate

Richard Wagner, *1813-1883, dt. Komponist*

»Wenn ich noch einmal eine Frau entführen sollte, würde ich den Gatten mitnehmen.« Franz Liszt

TIPP Frischen Spinatflecken rückt man am einfachsten zu Leibe, indem man sie vor der Wäsche mit einer halben rohen Kartoffel abreibt. Waschen Sie die Textilien anschließend mit Seifenwasser aus.

Mai

23

Desiderius, Wigbert

Dieter Hildebrandt, *1927, *dt. Kabarettist*

»Wo Liebe rechnet, ist sie bettelarm.« Shakespeare

»Sind der Maikäfer und Raupen viel,
steht eine reiche Ernte am Ziel.«

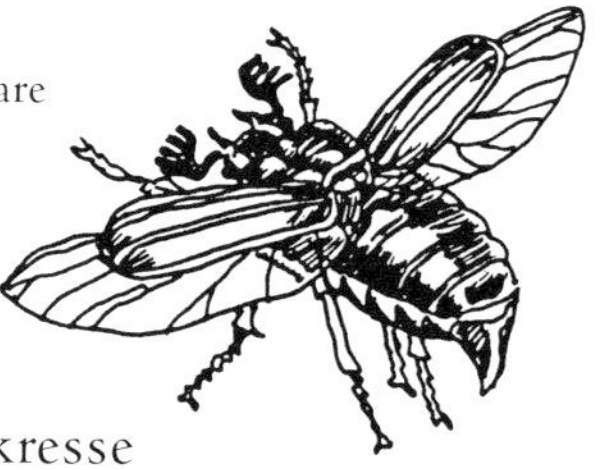

TIPP Die grünen, unreifen Früchte der Kapuzinerkresse können als Kapernersatz verwendet werden.

24

Esther, Dagmar

Bob Dylan, *1941, *amerik. Rockpoet*

»Nichts ist so hoffnungslos, dass wir nicht Grund zu neuer Hoffnung fänden.« Niccolò Macchiavelli

TIPP Abgepellte Eierschalen sollten Sie nicht wegwerfen, sondern aufheben. Junge Gemüsepflanzen können durch das Ausstreuen von gemahlenen Eierschalen vor Schnecken geschützt werden.

25

Beda, Gregor VII., Heribert, Urban I.

»Glücklichmachen ist das höchste Glück. Aber auch dankbar empfinden können, ist ein Glück.«
Theodor Fontane

»Abendtau und Kühl' im Mai
bringen Wein und vieles Heu.«

TIPP Gegen Fettflecken auf Textilien hilft das Aufstreuen von trockenem Kartoffelmehl.

26

Philipp, Alwin

John Wayne, *1907-1979, amerik. Schauspieler*

»Heute sehen viele Mädchen aus wie Männer, die wie Mädchen aussehen.« John Wayne

»Mairegen auf die Saaten, dann regnet es Dukaten.«

TIPP Bei Sodbrennen hilft das Kauen von ungewürzten Mandeln.

27

Augustinus, Brun

Henry Kissinger, **1923, amerik. Politiker*

»Vom Fenster her lässt sich niemals die ganze Welt überschauen.« Aus Spanien

»Ein heißer Mai
ist des Todes Kanzlei.«

TIPP Bei Bauchschmerzen hilft oft eine Wärmflasche.

28

Wilhelm, Germanus, Rudhard

»Der Furchtsame erschrickt vor der Gefahr, der Feige in ihr, der Mutige nach ihr.« Jean Paul

»Steht der Wind im Mai aus Süden,
wird bald Regen uns beschieden.«

TIPP Wenn Sie Zwiebelringe benötigen, versuchen Sie es einfach mit einem Gurkenhobel. Das erleichtert Ihnen die Arbeit und geht schnell.

29

Maximin, Irmtrud

Bob Hope, **1903, amerik. Komiker*
John Fitzgerald Kennedy, *1917-1963, amerik. Politiker*

»Solange die Freiheit nicht in allen Ländern blüht, kann sie in einem einzelnen nicht gedeihen.«
John F. Kennedy

TIPP Ende Mai können Sie mit der Aussaat von Sommersalaten beginnen.

30

Ferdinand III., Johanna, Reinhild

Elly Beinhorn, **1907, dt. Sportfliegerin*

TIPP Für Salzkartoffeln sollten die Knollen etwa gleich groß sein, damit sie zusammen gar werden. Ist die Größe unterschiedlich, schneidet man sie besser in Stücke. Nachdem sie gar sind, gießen Sie das Wasser ab und lassen Sie sie gut ausdampfen. Wenn Sie ein Tuch zwischen Topf und Deckel legen, wird der Dampf aufgenommen und die Kartoffeln bleiben trocken.

Mai

31

Petronilla, Helmtrud, Mechthild

Ludwig Tieck, *1773-1853, dt. Dichter*
Peter Frankenfeld, *1913-1979, dt. Showmaster*

»Um ein Unglück kümmere dich drei Jahre nicht, und es wird zum Segen.« Aus Indien

»Wer Hafer sät an Petronell,
dem wächst er gut und schnell.«

Juni

01

Luitgard, Simeon, Justin

Konstantin Wecker, **1947, dt. Liedermacher*

»Soll gedeihen Korn und Wein,
muss im Juni warm es sein.«

TIPP Bärlauch wird oft anstelle von Knoblauch in der Küche verwendet. Die Blätter riechen zwar intensiv, doch ist der Geruch nach dem Genuss von Bärlauch nicht so stark wie bei Knoblauch.

02

Eugen I., Marzellinus, Petrus, Armin, Erasmus

Edward Elgar, *1857-1934, engl. Komponist*

»Wende dein Gesicht der Sonne zu, dann fallen die Schatten hinter dich!« Aus Thailand

»Alt werden heißt sehend werden.« M. von Ebner-Eschenbach

»Stellt der Juni sich milde ein,
wird mild auch der Dezember sein.«

03

Karl, Hildburg, Klothilde

Detlev von Liliencron, *1844-1909, dt. Lyriker*
Josephine Baker, *1906-1975, amerik.-frz. Tänzerin und Sängerin*

»Weit ist der Weg vom Ohr zum Herzen, aber noch weiter ist der Weg zu den helfenden Händen.« Josephine Baker

TIPP Nach einer schweren Nacht hilft Ihnen ein Glas Orangensaft wieder auf die Beine.

04

Klothilde, Quirin, Werner, Christa

Karl Valentin, *1882-1948, dt. Komiker und Schriftsteller*
James Brown, **1928, amerik. Musiker*

»Bleibt der Juni kühl,
wird's dem Bauern schwül.«

TIPP Legen Sie bei einer Gichtattacke zerdrückte, heiße Kartoffeln auf die betroffene Stelle. Das kann die Schmerzen lindern.

Juni

05

Bonifatius, Meinwerk, Fulger

Frederico Garcia Lorca, *1898-1936, span. Dichter*

»Jeder hat genug damit zu tun, seinen eigenen Garten zu jäten.« Aus Flamen

»Gibt's im Juni Donnerwetter,
wird auch das Getreide fetter.«

TIPP Wichtig ist nun das Ausdünnen der Obstbäume.

06

Norbert, Kevin, Claudius, Falko

Thomas Mann, *1875-1955, dt. Schriftsteller*
Albert II., **1934, König von Belgien*

»Viel Übles hab an Menschen ich bemerkt, das Schlimmste ist ein unversöhnliches Herz.«
Franz Grillparzer

TIPP Die zarte Haut unter der Eierschale lässt sich gut zur Heilung von aufgeplatzten Hautstellen auflegen.

Juni

07

Deochar, Herkumbert, Robert

Paul Gauguin, *1848-1903, frz. Maler*

»Ist der Juni warm und nass,
gibt's viel Frucht und grünes Gras.«

TIPP Wenn Sie das äußerst anspruchslose Gänseblümchen lieben, kann es nun durch Aussaat oder Teilung bereits vorhandener Pflanzen im Garten ganz problemlos vermehrt werden.

08

Engelbert, Ilga, Medard

Robert Schumann, *1810-1856, dt. Komponist*

Der Medardustag ist einer der vielen Lostage im Bauernkalender. Das Wetter an diesem Tag soll ausschlaggebend für die nächsten Wochen sein. Außerdem beginnt an diesem Tag gewöhnlich eine kühle Witterungsperiode, die meist von Niederschlägen begleitet wird. Dieser Kälterückfall ist heute noch vielen unter der Bezeichnung »Schafskälte« ein Begriff.

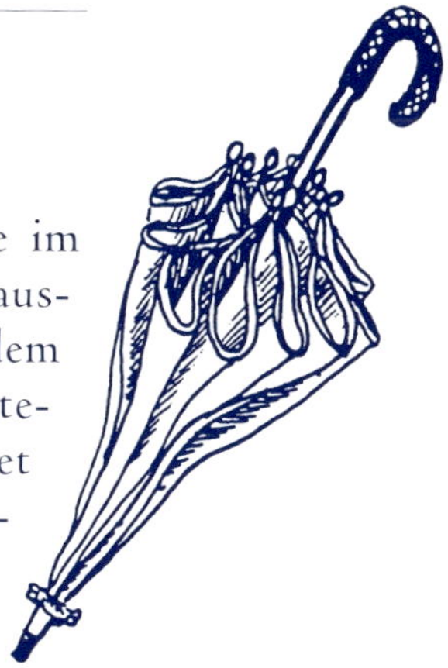

Juni

09

Ephräm, Primus, Felizian

Otto Nicolai, *1810-1849, dt. Komponist*

»Soll Feld und Garten wohl gedeih'n,
dann braucht's im Juni Sonnenschein.«

TIPP Salzen Sie frischen Rosenkohl grundsätzlich erst nach dem Kochen, dann bleibt die schöne Farbe erhalten. Damit die Röschen gleichmäßig gar werden, kerben Sie einfach den Strunk ein.

10

Diana, Bardo, Heinrich, Maurin, Gerlach

Prinz Philip, **1921, Herzog von Edinburgh, engl. Prinzgemahl*

»Neugierde ist eine Tochter der Eifersucht.«
Jean-Baptiste Molière

TIPP Hautrötungen durch Sonnenbrand lassen sich durch Bestreichen mit Buttermilch oder Quark lindern. Sehr gut eignet sich außerdem Naturjogurt, den Sie direkt auf die Haut auftragen können.

11

Barnabas, Rimbert, Aleydis

Richard Strauß, *1864-1949, dt. Komponist*
Jaques Yves Cousteau, *1910-1997, frz. Meeresforscher*

»Im Juni, Bauer, bete,
dass der Hagel nicht alles zertrete.«

TIPP Wenn Sie von Kellerasseln heimgesucht werden, ist eine leere Weinflasche eine hervorragende Falle. Spülen Sie die Flasche mit Weingeist aus.

12

Leo III., Odulf, Eskil

Hans Carl Artmann, **1921, österr. Schriftsteller*

»Dass mich die Menschen nicht kennen, tut mir nicht Leid. Aber dass ich die Menschen nicht kenne, das kann mir Leid tun.« Konfuzius

TIPP Bei unangenehmem Mundgeruch nach Zwiebeln oder Knoblauch hilft meist ein Glas Milch oder das Kauen von frischer Petersilie.

Juni

13

Antonius von Padua

Luis Walter Alvarez, *1911-1988, amerik. Physiker*
Paavo Nurmi, *1897-1973, finn. Leichtathlet*
Christo, **1935, bulg.-amerik. Verpackungskünstler*

»Wenn im Juni Nordwind weht,
das Korn zur Ernte trefflich steht.«

TIPP Zum Würzen und als Verdauungshilfe bei fetten Speisen nehmen Sie den momentan wachsenden Beifuß.

14

Burchard, Gottschalk

Nikolaus Otto, *1832-1891, dt. Erfinder*
Ernesto Che Guevara, *1928-1967, argent. Sozialrevolutionär*
Stefanie Graf, **1969, dt. Tennisspielerin*

»Wer sich zu viel mit kleinen Dingen abgibt, wird gewöhnlich unfähig zu großen.« La Rochefoucauld

TIPP Bei wärmerem Wetter können noch verschiedene Gemüsesorten wie Gurken und Zucchini ausgesät werden.

15

Vitus, Lothar, Gebhard

»Nach Sankt Veit wendet sich die Zeit,
alles geht auf die andre Seit'.«

Vitus (Veit) ist einer der Vierzehn Nothelfer und gehört in der katholischen Kirche zu den volkstümlichsten Heiligen. In Südbayern hat sich ein alter Brauch erhalten, das so genannte Sonnwendreiten am Veitstag. Dabei wird bereits das Holz für die Johannisfeuer gesammelt, die in der Nacht zum 24. Juni entfacht werden.

16

Benno, Luitgard

Jim Dine, **1935, amerik. Maler, Grafiker und Objektkünstler*

»Kinder sind nicht nur freundliche Lichtstrahlen des Himmels und Gottesgrüße, sondern auch ernste Fragen aus der Ewigkeit und eine schwere Aufgabe für die Zukunft.« Friedrich Daniel Ernst Schleiermacher

»Auf den Juni kommt es an,
ob die Ernte soll bestahn.«

Juni

17

Adolf, Fulko, Ramwold, Euphemia

Charles Gounod, *1818-1893, frz. Komponist*
Igor Strawinsky, *1882-1971, russ. Komponist*

»Inmitten einer großen Freude soll man nichts versprechen. Inmitten eines großen Ärgers soll man keinen Brief beantworten.« Chinesisches Sprichwort

»Was im September soll geraten,
das muss der Juni braten.«

18

Felicius, Simplicius

Paul McCartney, **1942, engl. Popmusiker*

»Was mit Gewalt erlangt worden ist, kann man nur mit Gewalt behalten.« Mahatma Gandhi

TIPP Bei hohem Blutdruck wirkt Weißdorntee regulierend und beugt gegen Arterienverkalkung vor. Nehmen Sie zwei Teelöfffel der getrockneten Früchte und Blüten für eine Tasse Wasser.

19

Romuald, Rasso, Gervasius

Gustav Schwab, *1792-1850, dt. Schriftsteller*
Blaise Pascal, *1623-1662, frz. Naturwissenschaftler und Philosoph*

»Der Mensch ist dadurch groß, dass er sich elend weiß. Ein Baum weiß sich nicht elend.« Blaise Pascal

»Juniregen und Brauttränen
dauern so lange wie's Gähnen.«

20

Benigna, Adalbert, Margarete

Kurt Schwitters, *1887-1948, dt. Maler und Schriftsteller*
Jacques Offenbach, *1819-1880, dt. Komponist*

»Man sage nicht, das Schwerste sei die Tat; das Schwerste dieser Welt ist der Entschluss.« Franz Grillparzer

TIPP Parfümflecken in empfindlichen Stoffen tupft man vorsichtig mit Alkohol ab und wäscht sie in lauwarmem Wasser mit einem Feinwaschmittel aus.

21

Aloisius, Radulf

Sommeranfang

»Der verlorenste aller Tage ist der, an dem man nicht gelacht hat.« Nicolas Chamfort

»Funkeln heut' die Stern,
spielt der Wind bald den Herrn.«

TIPP Ein altes Hausmittel zur Kräftigung Genesender ist ein Glas Rotwein mit etwas Zucker und einem verrührten Eidotter.

22

Thomas, Paulin, Eberhard, Achatius

Wilhelm von Humboldt, *1767-1835, dt. Sprachforscher*
Erich Maria Remarque, *1898-1970, dt. Schriftsteller*
Klaus Maria Brandauer, **1944, österr. Schauspieler*

»Eine Karriere ist wunderbar, aber nichts, woran man sich in einer kalten Nacht wärmen kann.« Marilyn Monroe

TIPP Ist ein Kind von Würmern befallen, so gelten rohe Karotten als altbewährtes Gegenmittel.

23

Edeltraud, Hildulf

Jean Anouilh, *1910-1987, frz. Dramatiker*

»Freundlichkeit ist eine Sprache, die Taube hören und Blinde lesen können.« Mark Twain

»Ist die Milchstraße klar zu seh'n, bleibt das Wetter schön.«

TIPP Fallobst sollte immer gleich entfernt werden.

24

Johannes der Täufer, Theodulf

Claude Chabrol, **1930, frz. Regisseur*

»Wie lächerlich und weltfremd ist der, der sich über irgendetwas wundert, was im Leben vorkommt.«
Mark Aurel

TIPP Mit einem in Spiritus getränkten Wattebausch oder Tuch können vergoldete Bilderrahmen vorsichtig abgetupft und gesäubert werden.

Juni

25

Eleonore, Dorothea, Gohard, Wilhelm

Ingeborg Bachmann, *1926-1973, österr. Lyrikerin*
Antonio Gaudí, *1852-1926, span. Architekt*

»Vertrauen ist der größte Ansporn, fehlt das, so fehlt alles.« Maria Theresia

TIPP Nach dem Johannistag sollten Sie keinen Rhabarber mehr ernten. Denn mit zunehmendem Wachstum nimmt auch der Säuregehalt der Pflanze zu.

26

Vigilius, Anthelm, Johannes, Paulus

Pearl S. Buck, *1892-1973, amerik. Schriftstellerin*

»Güte in den Worten erzeugt Vertrauen, Güte beim Denken erzeugt Tiefe, Güte beim Verschenken erzeugt Liebe.« Laotse

TIPP Honig ist schon immer ein ausgezeichnetes Konservierungsmittel gewesen, denn durch den hohen Zuckergehalt kann er nicht verderben.

27

Hemma, Cyrill

Friedrich Silcher, *1789-1860, dt. Lieddichter*
Isabelle Adjani, **1955, frz. Schauspielerin*

»Ist der Mensch mäßig und genügsam, so ist auch das Alter keine schwere Last; ist er es nicht, so ist auch die Jugend voller Beschwerden.« Platon

»Viermal Juniregen
bringt zwölffach Segen.«

28

Irenäus, Ekkehard

Mel Brooks, **1926, amerik. Regisseur und Schauspieler*

»Gewiss ist es fast noch wichtiger, wie der Mensch das Schicksal nimmt, als wie es ist.« Wilhelm von Humboldt

TIPP Ende Juni müssen Majoran, Pfefferminze, Salbei, Estragon, Zitronenmelisse und Liebstöckel, bevor sie blühen, zurückgeschnitten werden. Sonst verlieren die Blätter an Geschmack.

Juni

29

Petrus, Paulus, Gero, Judith, Hemma

Prinz Bernhard der Niederlande, **1911, ndl. Prinzgemahl*
Anne Sophie Mutter, **1963, dt. Geigerin*

»Es ist gesünder, nichts zu hoffen und das Mögliche zu schaffen, als zu schwärmen und nichts zu tun.« Gottfried Keller

»Peter und Paul hell und klar
bringt ein gutes Jahr.«

30

Otto, Erentrud, Donatus, Theobald

»Die Jugend ist die Zeit, die Weisheit zu lernen. Das Alter ist die Zeit, sie auszuüben.« Jean-Jacques Rousseau

»Vor dem Johannistag
man Gerst' und Hafer nicht loben mag.«

TIPP Im Garten kann man sich vor lästigen Insekten schützen, indem man etwas Petersilie auf den Armen und Beinen verreibt.

Juli

01

Theoderich, Hechard

Georg Christoph Lichtenberg, *1742-1799, dt. Gelehrter*
Prinzessin Diana, *1961-1997, Prinzessin von Wales*

»O wie viel holder blüht Schönheit doch, ist ihr der Schmuck der Treue mitgegeben.« Shakespeare

TIPP Um den Sauerstoffhaushalt des Gartenteichs für Zierfische zu gewährleisten, müssen die lästigen Algen regelmäßig entfernt werden.

02

Mariä Heimsuchung, Petrus, Wiltrud

Hermann Hesse, *1877-1962, dt. Schriftsteller*
Friedrich Gottlieb Klopstock, *1724-1803, dt. Dichter*
Christoph Willibald Gluck, *1714-1787, dt. Komponist*

Mariä Heimsuchung erinnert uns an den Besuch Marias bei ihrer ebenfalls schwangeren Base Elisabeth, die Johannes den Täufer erwartete. Zuerst nur im Franziskanerorden gefeiert, wurde das Fest 1389 durch Bonifaz IV. für die ganze Kirche vorgeschrieben.

03

Thomas, Apostel

Franz Kafka, *1883-1924, dt.-tschech. Schriftsteller*

»Die verbitterten Gesichtszüge eines Mannes sind oft nur die festgefrorene Verwirrung eines Knaben.«
Franz Kafka

Früher wurde das Fest des heiligen Thomas am 21. Dezember begangen. Mancherorts bekamen die Kinder an diesem Tag Gebäck, die »Thomas-Striezeln«.

04

Ulrich, Berta, Elisabeth, Hatto

Christian Fürchtegott Gellert, *1715-1769, dt. Dichter*
Louis Armstrong, *1900-1971, amerik. Jazzmusiker*

»Gib mir ein Herz voll Zuversicht,
erfüllt mit Lieb' und Ruhe,
ein weises Herz, das seine Pflicht
erkenn' und willig tue!« Christian Fürchtegott Gellert

TIPP Estragon fördert die Verdauung.

Juli

05

Antonius, Kyrilla

Clara Zetkin, *1857-1933, dt. Politikerin*

»Es werden mehr Menschen durch Übung tüchtig als durch Naturanlage.« Demokrit

TIPP Bei Verstauchungen und Verrenkungen sollten Sie das verletzte Gelenk sofort mit Wasser oder Eis kühlen. Wickeln Sie das Eis in ein Handtuch. Anschließend helfen Umschläge aus essigsaurer Tonerde.

06

Maria, Goar

Hanns Eisler, *1898-1962, dt. Komponist*
Bill Haley, *1927-1981, amerik. Rock-'n'-Rollmusiker*

»Der Irrtum ist recht gut, solange wir jung sind, man muss ihn nur nicht mit ins Alter schleppen.«
Johann Wolfgang von Goethe

»Juli heiß –
lohnt Müh' und Schweiß.«

Juli

07

Willibald, Edelburg

Gustav Mahler, *1860-1911, tschech.-österr. Komponist*

»Wenn ich Musik höre – auch während des Dirigierens –, höre ich oft ganz bestimmte Antworten auf all meine Fragen, und ich bin vollständig klar und sicher. Oder eigentlich, ich empfinde, dass es gar keine Fragen sind.« Gustav Mahler

TIPP Getrocknete Lorbeerblätter würzen besser als frische.

08

Kilian, Kolonat, Edgar

George Antheil, *1900-1959, amerik. Komponist*

»An Sankt Kilian
säe Rüben und Wicken an.«

TIPP Sonnenblumen sind als Zierpflanzen beliebt. Um die Samen im Winter an Vögel verfüttern zu können, müssen die Blütenköpfe mit Netzen oder licht- und luftdurchlässiger Gaze geschützt werden.

Juli

09

Agilolf, Wigfrid

Hassan II., *1929-1999, König von Marokko*

»Das Gute – dieser Satz steht fest –
ist stets das Böse, was man lässt.« Wilhelm Busch

TIPP Wenn Sie rund um die Jungpflanzen im Garten nun nochmals mulchen, wächst das Unkraut langsamer und die Erde trocknet nicht so schnell aus. Wertvolle organische Stoffe werden so dem Boden zugeführt.

10

Knud, Erich, Olaf, Alexander, Lantfrid

Carl Orff, *1895-1982, dt. Komponist*
Alfred Biolek, **1934, dt. Fernsehmoderator*

»Die Ehe ist kein Fertighaus, sondern ein Gebäude, an dem ständig konstruiert und repariert werden muss.« Jean Gabin

»Ist's im Juli recht hell und warm,
friert's um Weihnachten Reich und Arm.«

11

Benedikt, Olga, Oliver, Rachel

Herbert Wehner, *1906-1990, dt. Politiker*
Giorgio Armani, **1934, ital. Modedesigner*

»Menschen stolpern nicht über Berge, sondern über Maulwurfshügel.« Konfuzius

Ein großes Brauchtum hat sich im Laufe der Zeit um die Gestalt des heiligen Benedikt entwickelt. Bekannt sind die »Benedikt-Medaillen« als Glücksbringer.

12

Nabor, Felix, Johannes

Stefan George, *1868-1933, dt. Dichter*
Kirsten Flagstad, *1895-1962, norw. Opernsängerin*
Amedeo Modigliani, *1884-1920, ital. Maler und Bildhauer*

»Unter den Menschen gibt es mehr Kopien als Originale.« Pablo Picasso

»Juli – Sonnenbrand,
gut für Leut' und Land.«

Juli

13

Mildred, Sara, Silas

»Memoiren werden in der Regel von Leuten geschrieben, die entweder ihr Erinnerungsvermögen verloren oder nichts getan haben, das der Erinnerung wert wäre.« Oscar Wilde

»Soll gedeihen Obst und Wein,
muss der Juli trocken sein.«

TIPP Bei Bluthochdruck helfen rohe, frische Pfirsiche.

14

Kamillus, Goswin, Roland

»Gleichheit ist immer das festeste Band der Liebe.« Gotthold Ephraim Lessing

»So selten wie ein Kopf ohne Nagel,
so selten ein Juli ohne Hagel.«

TIPP Nach der Beerenernte können die noch belaubten Sträucher bereits ausgelichtet werden, da an den Blättern leichter Erkrankungen zu erkennen sind.

Juli

15

Bonaventura, Gumbert, Bernhard, Wiro

Walter Benjamin, *1892-1940, dt. Philosoph und Kulturwissenschaftler*

»Unterwegs braucht es einen guten Gefährten, zu Hause einen guten Nachbarn.« Chinesisches Sprichwort

TIPP Wenn Sie beim Zwiebelschneiden einen großen Schluck kaltes Wasser im Mund behalten, ersparen Sie sich sehr viele Tränen.

16

Irmengard, Reineldis, Elvira

Roald Amundsen, *1872-1928, norw. Polarforscher*

»Kunst kommt von Können. Käme es von Wollen, so hieße es Wulst.« Friedrich Nietzsche

»Juli trocken und heiß –
Januar kalt und weiß.«

TIPP Eine gutes Mittel gegen Blähungen ist Knoblauch.

Juli

17

Alexius, Gabriele, Charlotte, Donata, Marina

James Francis Cagney, *1899-1986, amerik. Schauspieler*

»Jede Blüte hat ihren Duft.« Türkisches Sprichwort

»So golden die Sonne im Juli strahlt,
so golden sich der Roggen mahlt.«

TIPP Augenbäder mit Kamillentee helfen bei Entzündungen.

18

Odilia, Arnulf, Arnold, Friedrich

Ricarda Huch, *1864-1947, dt. Erzählerin und Lyrikerin*

»Der Zorn verrät ein böses Gewissen.«
Friedrich von Schiller

»Juliwolken – fette Molken.«

TIPP Buttermilch gilt als bewährtes Hausmittel zur Straffung und Pflege der Haut.

19

Justa, Rufina, Makrina, Poppo, Bernulf

Gottfried Keller, *1819-1890, schweiz. Dichter*

»Etwas wagen muss das Herz und früh auf sein, wenn es leben will.« Gottfried Keller

TIPP Tomaten in Töpfen oder in Balkonkästen sollten öfter mit Dünger versorgt werden, damit die Pflanzen die nötigen Nährstoffe bekommen. Ebenso müssen die Achseltriebe sofort entfernt werden.

20

Margareta, Bernhard

Uwe Johnson, *1934-1984, dt. Schriftsteller*

»Wenn einer besonders tugendhaft ist, lass ihn zum Einsiedler werden.« Von den Philippinen

»Hat Margaret kein' Sonnenschein,
kommt das Herz nie trocken rein.«

TIPP Gegen spröde Lippen hilft Einreiben mit Honig.

Juli

21

Laurentius, Daniel

Hans Fallada, *1893-1947, dt. Schriftsteller*
Ernest Miller Hemingway, *1899-1961, amerik. Schriftsteller*

»Das Urteil der Welt über sich ganz und gar vernachlässigen, beweist nicht nur Anmaßung, sondern sogar große Leichtfertigkeit.« Cicero

»Was nicht gut im Juli steht,
im September nicht gerät.«

22

Maria Magdalena, Eberhard, Laurentius

»Ehe man tadelt, sollte man immer erst versuchen, ob man nicht entschuldigen kann.« Georg Chr. Lichtenberg

»Magdalena weint um ihren Herrn,
drum regnet's an ihrem Tag gern.«

TIPP Legt man einen rohen Fisch kurz in Essigwasser, so lässt er sich leichter entschuppen. Schaben Sie die Schuppen stets entgegen der Laufrichtung ab.

23

Birgitta, Apollinaris, Liborius

Emil Jannings, *1884-1950, dt. Schauspieler*

»Der eine Löwe leiht dem anderen nicht die Zähne.« Aus Südafrika

»Klar muss Apollinaris sein, soll sich der Bauer freu'n.«

TIPP Die Einnahme von Heilerde hilft gegen Sodbrennen.

24

Christophorus, Christine, Luise, Siglind

Frank Wedekind, *1864-1918, dt. Dramatiker*

»Glück ist, seinen Anlagen gemäß verbraucht zu werden.« Frank Wedekind

TIPP Damit geschälte Äpfel nicht braun werden, beträufeln Sie die Schnittflächen mit Zitronensaft. Größere Mengen können Sie bis zur Weiterverarbeitung einfach in Zitronenwasser legen.

Juli

25

Jakob der Ältere, Thea, Thomas

»Wenn du nicht auf den Berg steigst, kannst du die Ebene nicht sehen.« Aus Tibet

»Nur in der Juliglut
wird Obst und Wein dir gut.«

TIPP Eine Sonnenschutzcreme müssen Sie eine halbe Stunde vor dem Sonnenbad auftragen, da die Creme erst nach etwa zwanzig Minuten wirkt.

26

Anna, Joachim, Christiane

Carl Gustav Jung, *1875-1961, schweiz. Psychiater und Philosoph*
Mick Jagger, **1943, engl. Rockmusiker*

»Viele Leute glauben, wenn sie einen Fehler erst eingestanden haben, brauchen sie ihn nicht mehr abzulegen.« Marie von Ebner-Eschenbach

»Ist Sankt Anna erst vorbei,
kommt der Morgen kühl herbei.«

27

Pantaleon, Bertold, Natalie

Pina Bausch, **1940, dt. Tänzerin und Choreografin*

»Nur mit den Augen der anderen kann man die eigenen Fehler gut sehen.« Aus China

TIPP Bei Leber- und Gallenleiden empfiehlt sich morgens und abends die Einnahme von einem Esslöffel Distelöl. Der regelmäßige Genuss von Artischocken sorgt auch für einen geregelten Gallenabfluss.

28

Urban, Beatus, Innozenz I., Benno

Marcel Duchamp, *1887-1968, frz. DADA-Künstler*

»Alle menschliche Weisheit gipfelt in zwei Worten: warte und hoffe.« Alexandre Dumas

»Juliregen nimmt den Erntesegen.«

TIPP Durchsetzen Sie Ihre Gemüsebeete mit Schnittlauch und Basilikum, um Mehltau zu verhindern.

Juli

29

Marta, Olaf II., Lucilla, Flora

»Der Himmel ist hoch, und die Erde tief, aber der Könige Herz ist unerforschlich.« Salomon Sprüche 25,3

»Wenn man glücklich ist, soll man nicht noch glücklicher sein wollen.« Theodor Fontane

TIPP Einen besonders bekömmlichen Kaffee erhält man, wenn man dem Wasser etwas Natron zufügt. Reste von kaltem Kaffee verfeinern dunkle Saucen.

30

Batho, Petrus Chrysologus, Beatrix, Ingeborg

»Wenn die Elefanten sich aneinander reiben, ist es um die Mücken geschehen.« Aus der Mongolei

»Hört der Juli mit Regen auf,
geht leicht ein Teil der Ernte drauf.«

TIPP Flecken auf Marmorböden können Sie entfernen, indem Sie etwas Salz auf eine halbe Zitrone streuen und damit vorsichtig über den Fleck reiben.

31

Ignatius von Loyola, Germanus, Hermann

Jean Dubuffet, *1901-1985, frz. Maler und Bildhauer*

»Wer die Welt verbessern will, der fange bei sich selber an.« Ignatius von Loyola

TIPP Wenn Sie Ameisen in Ihrer Wohnung entdecken, sollten Sie den in der Natur nützlichen Insekten mit Duftstoffen zu Leibe rücken. Wenn Sie an alle Eingänge ganze Gewürznelken legen, bleiben Ameisen meist fern.

August

01

Alfons, Maria, Petrus

»Ist's von Petri bis Lorenzi heiß, dann bleibt der Winter lange weiß.«

Am heutigen Tag wird das Fest Petri Kettenfeier begangen. Es war früher der Jahrestag der Einweihung der Basilika »Petri zu den Ketten« auf dem Esquilin. Sie wurde im fünften Jahrhundert erbaut. In der Basilika werden die Ketten verehrt, die der Apostel während seiner Gefangenschaft im Kerker trug.

02

Eusebius, Gundekar II.

Karl Amadeus Hartmann, *1905-1963, dt. Komponist*

»Fasse den Schwanz des Leoparden nicht an! Aber lasse ihn nicht los, wenn du ihn einmal gefasst hast.«
Aus Abessinien

TIPP Unreine Haut lässt sich durch regelmäßiges Betupfen mit Zitronensaft wieder beruhigen. Ebenso wirkungsvoll ist Teebaumöl.

August

Lydia, Benno, Burchard

03

»Wer die Menschen kennen lernen will, der studiere ihre Entschuldigungsgründe.« Friedrich Hebbel

»Wenn die Schwalben schon zieh'n,
sie vor naher Kälte flieh'n.«

TIPP Reife Melonen klingen hohl, wenn man dagegen klopft. Wenn Sie die Frucht schütteln, hören Sie die Samenkerne rasseln.

Johannes, Maria

04

Elizabeth, **1900, engl. Königinmutter*

»Wo der Ehrgeiz endet, fängt das Glück an.« Aus Ungarn

»Fängt der August mit Donnern an,
er's bis zum End' nicht lassen kann.«

TIPP Steinguttöpfe für Brot sollte man einmal pro Woche mit Essigwasser auswaschen und gut trocknen lassen.

August

05

Oswald, Dominika

John Huston, *1906-1987, amerik. Regisseur, Autor und Schauspieler*

»Mit Lügen kann einer durch die Welt kommen, aber bestimmt nicht zurück.« Aus Russland

TIPP Wenn Ihre Augenlider geschwollen sind, helfen rohe, geriebene Karotten, die Sie in ein Leinensäckchen füllen und auf die Augen legen.

06

Gilbert, Felizissimus, Hermann, Praxedis

Andy Warhol, *1928-1987, amerik. Maler und Fotograf*

»Augustsonne, die schon morgens brennt, nimmt nachmittags kein gutes End'.«

TIPP Bestreuen Sie Melonenschnitze kurz vor dem Servieren mit etwas Salz. Der Geschmack wird dadurch aromatischer. Übrige Spalten halten sich etwa zwei bis drei Tage in Haushaltsfolie gewickelt im Kühlschrank.

07

Afra, Sixtus II., Kajetan

Joachim Ringelnatz, *1883-1934, dt. Schriftsteller*
Mata Hari, *1876-1917, ndl. Tänzerin*

»Besser eine Hand voll Natur als zwei Hände voll Wissenschaft.« Spanisches Sprichwort

TIPP Das gelegentliche Kauen einer frischen, geschälten Knoblauchzehe beugt Arterienverkalkung auf gesunde Art und Weise vor.

08

Dominikus, Cyriakus

Dustin Hoffman, **1937, amerik. Schauspieler*

»Ein Kerl, den alle hassen, der muss was sein.«
Johann Wolfgang von Goethe

»Ist's in der ersten Augustwoche heiß,
so bleibt der Winter lange weiß.«

TIPP Nun sollten Sie immergrüne Hecken schneiden.

August

09

Altmann, Edith

Robert Aldrich, *1918-1983, amerik. Filmregisseur*

»Die Folianten vergilben, aber das Buch der Natur erhält jedes Jahr eine neue Auflage.« Hans Christian Andersen

TIPP Wenn Ihre Ernte an Küchenkräutern sehr reichlich ist, können Sie von den fein gehackten Kräutern, mit Öl vermischt, eine schmackhafte Kräuterpaste zu Fleisch-, Fisch- oder Eiergerichten herstellen.

10

Laurentius, Asteria, Plektrud

Alfred Döblin, *1878-1957, dt. Schriftsteller*

»Sankt Laurentius mit heißem Hauch
füllt dem Winter Fass und Schlauch.«

Auf dem Land blieb am Laurentiustag stets die Küche kalt, denn es durfte im Haus kein Feuer entzündet werden. Mit Bittgängen, Wallfahrten und der Segnung von Vieh und Feldern beging man den Tag des Heiligen.

August

11

Klara, Philomena, Susanna, Nikolaus

»Es gibt hundert Witzige gegen einen, der Verstand hat.« G. C. Lichtenberg

»Der August vergeht, indem der Bauer mäht.«

TIPP Baden Sie rissige oder stark angegriffene Hände vor dem Schlafengehen in warmem Olivenöl.

12

Radegund

Jacinto Benavente, *1866-1954, span. Schriftsteller*
Hendrik N. Simon (»Heintje«), **1955, ndl. Schlagersänger*

»Der Deutsche soll alle Sprachen lernen, damit ihm zu Hause kein Fremder unbequem, er aber in der Fremde überall zu Hause sei.« Johann Wolfgang von Goethe

»Je dicker die Tropfen im August, je dicker wird auch der Most.«

August

13

Kassian, Pontianus, Hippolyt, Wigbert, Ludolf, Gerol

Nikolaus Lenau, *1802-1850, ungar.-österr. Dichter*
Fidel Castro, **1927, kuban. Politiker*
Alfred Hitchcock, *1899-1980, engl. Regisseur*

»Der größte Feind des Rechts ist das Vorrecht.«
Marie von Ebner-Eschenbach

»Wenn der Kuckuck im August noch schreit,
so gibt's im Winter teure Zeit.«

14

Maximilian Kolbe, Werenfrid, Eberhard, Meinhard

»Wo zum Weib du nicht die Tochter wagen würdest zu begehren, halte dich zu wert, um gastlich in dem Hause zu verkehren.« Theodor Storm

»Von Frauen spricht man nicht. Man beschäftigt sich mit ihnen.« Napoleon I.

»Ein Regen im August
ist für den Wald Erquickungslust.«

15

Mechthild, Tarsitius, Rupert

MARIÄ HIMMELFAHRT

An Mariä Himmelfahrt ist es Brauch, Kräuter- und Blumensträuße in der Kirche segnen zu lassen. Man befestigt sie im Haus oder Stall, um Mensch und Vieh vor Krankheiten und Unheil zu schützen.

»Himmelfahrt im Sonnenschein,
wird der Wein gesegnet sein.«

16

Stephan I., Rochus, Altfrid

Menachem Begin, *1913-1992, israel. Politiker*

»Liebe ist ein Band, das den Erdkreis verbindet.«
Johann Heinrich Pestalozzi

TIPP Um den manchmal etwas bitteren Geschmack von Endivie zu mildern, schneiden Sie einfach den Strunk heraus, und legen Sie die Blätter für etwa zehn Minuten in lauwarmes Wasser.

August

17

Karlmann, Hyazinth, Guda

»Glücklich leben und naturgemäß leben ist eins.«
Seneca

»Der August muss Hitze haben,
sonst wird des Obstbaums Segen begraben.«

TIPP Damit die Milch nicht anbrennt, spülen Sie den Milchtopf vorher mit kaltem Wasser aus. Wenn Sie etwas Zucker auf den Topfboden streuen, dann brennt die Milch ebenfalls nicht an.

18

Helena, Claudia

Antonio Salieri, *1750-1825, ital. Komponist*

»Das Leben muss wie ein kostbarer Wein mit gehörigen Unterbrechungen Schluck für Schluck genossen werden.« Ludwig Feuerbach

TIPP Wenn Ihr Gelee beim Einkochen nicht fest geworden ist, füllen Sie es in Gläser und stellen diese für einen Tag in den warmen Backofen.

August

19

Johannes, Sebald, Reginlind, Charitas

»Barmherzigkeit gegen die Wölfe ist Unrecht gegen die Schafe.« Aus Holland

»Ein wahrer Freund trägt mehr zu unserem Glück bei als tausend Feinde zu unserem Unglück.« Marie von Ebner-Eschenbach

TIPP Eine mit Nelken gespickte Zitrone vertreibt lästige Fliegen aus Ihren Räumen.

20

Bernhard von Clairvaux, Samuel, Hugo, Oswin

Alice und Ellen Kessler, **1936, dt. Entertainerinnen*

»O Menschenherz, was ist dein Glück? Ein rätselhaft geborener und, kaum gegrüßt, verlorener, unwiederholter Augenblick!« Nikolaus Lenau

TIPP Für ein paar Tropfen Zitronensaft stechen Sie die Frucht mit einem Spieß nur an und pressen den Saft heraus. Sie trocknet dann nicht so schnell aus.

August

21

Pius X., Balduin, Gratia

»Wenn du weinen kannst, so danke Gott!«
Johann Wolfgang von Goethe

TIPP Mit kalten Wassergüssen, dreimal täglich, können Sie der Bildung von Krampfadern entgegenwirken. Führen Sie den kalten Wasserstrahl Ihrer Dusche langsam vom Fuß außen bis zur Leiste hoch, dann auf der Innenseite wieder zurück. Anschließend führen Sie die Prozedur am anderen Bein durch.

22

Regina, Sigrid

Claude Debussy, *1862-1918, frz. Komponist*
Peter Hofmann, **1944, dt. Sänger*

»Was ist Liebe? Eine Leidenschaft, die das Universum beiseite schiebt, um nichts zu sehen als den geliebten Gegenstand.« Napoleon I.

»August reift die Beere,
September hat die Ehre.«

August

23

Rosa, Richild

Gene Kelly, *1912-1996, amerik. Tänzer und Regisseur*

»Menschenherz und Meeresboden sind unergründlich.« Jüdisches Sprichwort

»Der August ist Winters Anfang.«

TIPP Ein gutes Hausmittel gegen Nierensteine sind in Alkohol angesetzte Erdbeeren.

24

Bartholomäus, Ansoalda

»Hängt denn die Wahrheit von dem Munde desjenigen ab, der sie vorträgt?« Gotthold Ephraim Lessing

»Gibt's im August keine Garben,
wird man im Winter darben.«

TIPP Durchstoßen Sie Gurken vor dem Einlegen mit einer Stricknadel. So bleiben sie fest und nehmen mehr von der zugesetzten Würze an.

August

25

Ludwig IX., Patricia, Elvira, Josef

Johann Gottfried Herder, *1744-1803, dt. Gelehrter*
Ludwig II., *1845-1886, König von Bayern*
Robert Stolz, *1880-1975, österr. Dirigent und Komponist*

»Lieber Attentate als Ovationen.« Ludwig II. von Bayern

TIPP Sollten die Johannisbeer- und Stachelbeersträucher von Mehltau befallen sein, müssen alle Triebspitzen entfernt und vernichtet werden.

26

Gregor

Peggy Guggenheim, *1898-1979, amerik. Kunstsammlerin und Mäzenin*

»Solange du dem anderen sein Anderssein nicht verzeihen kannst, bist du noch weitab vom Wege der Weisheit.« Aus China

»August ohne Feuer
macht das Brot teuer.«

27

Monika, Gebhard, Cäsarius

Heidi Kabel, **1914, dt. Volksschauspielerin*
Jassir Arafat, **1929, paläst. Politiker*

»Mein einz'ger Wunsch ist meiner Wünsche Ruh'.«
Friedrich Rückert

TIPP Bei durch Hitze geschwollenen Füßen kann folgendes alte Hausmittel hilfreich sein: Legen Sie einen Verband aus zerquetschten Geranien an.

28

Augustinus, Elmar, Adeline

Johann Wolfgang von Goethe, *1749-1832, dt. Dichter*

»Die Menschen werden durch Gesinnungen vereinigt, durch Meinungen getrennt.« Johann Wolfgang von Goethe

»Das Leben lieben heißt Gott lieben.« Leo Tolstoi

»Um Augustin
ziehen die Wetter hin.«

August

29

Sabine, Theodora, Beatrix

Ingrid Bergman, *1915-1982, schwed. Schauspielerin*
Michael Jackson, **1958, amerik. Popmusiker*

»Was der August nicht kocht,
brät auch der September nicht.«

TIPP Wenn Sie hässliche braune Flecken im Zierrasen vermeiden wollen, müssen Sie ihn bei Trockenheit regelmäßig besprühen.

30

Felix, Heribert, Amadeus

»Wer nicht kann, was er will, muss das wollen, was er kann. Denn das zu wollen, was er nicht kann, wäre töricht.« Leonardo da Vinci

»Bischof Felix zeiget an,
was wir vierzig Tag' für Wetter han.«

TIPP Insektenstiche lassen sich sehr gut durch Umschläge aus Zitrone, Essig und Natron behandeln.

Paulin, Raimund

Maria Montessori, *1870-1952, ital. Pädagogin und Ärztin*

»Was nützt es dir, keinen Mitwisser zu haben, wo du ein Gewissen hast.« Seneca

TIPP Mineralwasser eignet sich als schnelles Fleckenmittel. Gießen Sie ein wenig auf den Fleck. Nach ein paar Minuten können Sie die Flüssigkeit mit einem Tuch abtupfen und die Prozedur wiederholen.

September

01

Ägidius, Ruth, Verena

Engelbert Humperdinck, *1854–1921, dt. Komponist*

»Ist's an Sankt Ägidi rein, wird's bis Michaeli (29.9.) sein.«

Ägidius ist einer der vierzehn Nothelfer. Er ließ sich in der Nähe von Arles als Eremit in einer Höhle nieder. Hier entstand 680 das Kloster Saint-Gilles, das er als erster Abt bis zu seinem Tod 720 leitete.

02

Ingrid, Apollinaris, Wolfsind

Joseph Roth, *1894–1939, österr.-ung. Schriftsteller*
Jimmy Connors, **1952, amerik. Tennisspieler*

»Der allein ist weise, der im Sparen zu genießen, im Genuss zu sparen weiß.« Christoph Martin Wieland

TIPP Bei selbst gefärbten Textilien halten sich die Farben länger und besser, wenn Sie die Sachen für einen Tag in frische Milch einlegen.

03

Gregor der Große, Sophie

»Blase dein Stücklein, aber wolle deinen Takt nicht der ganzen übrigen Menschheit aufdrängen!« Wilhelm Raabe

»Ein warmer September ist des Jahres Spender.«

TIPP Wer in diesem Jahr noch Spinat und Feldsalat ernten will, muss zum jetzigen Zeitpunkt aussäen.

04

Ida, Swidbert, Iris, Irmgard, Rosalia, Rosa

Anton Bruckner, *1824-1896, österr. Komponist*

»Wir fassen ein Gesetz begierig an, das unsrer Leidenschaft zur Waffe dient.« Johann Wolfgang von Goethe

»Gut ist die redliche Warnung des Freundes!« Homer

TIPP Ungesüßter Apfelbrei mit etwas Glycerin ist ein hervorragendes Hautpflegemittel.

September

05

Roswitha, Maria Theresia

August Wilhelm von Schlegel, *1767-1845, dt. Gelehrter*

»Tugend ist zur Energie gewordene Vernunft.«
August Wilhelm von Schlegel

»Solange Leben da ist, gibt es auch Glück.« Leo Tolstoi

»Wird das Obst nur langsam reif,
gibt's im Winter statt Eis nur Reif.«

06

Magnus, Gundolf, Eskil

Franz Joseph Strauß, *1915-1988, dt. Politiker*

»Die Liebe allein versteht das Geheimnis, andere zu beschenken und dabei selbst reich zu werden.«
Clemens Brentano

TIPP Wenn Sie Ihrem Shampoo einige Tropfen Rosmarinöl zufügen, haben Sie ein verlässliches Mittel gegen fettiges Haar.

September

07

Otto, Regina, Judith, Dietrich I.

Baudouin I., *1930-1993, belg. König*

»Ist Regine warm und wonnig,
bleibt das Wetter lange sonnig.«

TIPP Bevor im Frühling blühende Knollen- und Zwiebelblumen gepflanzt werden, sollte der Boden gründlich vorbereitet werden. Bei Staunässe beginnen die Zwiebeln und Knollen zu faulen.

08

Maria, Hadrian, Sergius I.

MARIÄ GEBURT

Eduard Mörike, *1804-1875, dt. Dichter*
Wilhelm Raabe, *1831-1910, dt. Schriftsteller*
Antonín Dvořák, *1841-1904, tschech. Komponist*
Mario Adorf, **1930, dt. Schauspieler*

»Wie sich's Wetter an Mariä Geburt verhält,
so ist's noch weiter vier Wochen bestellt.«

September

09

Audomar, Gorgonius

Clemens Brentano, *1778-1842, dt. Dichter*

»Der goldne Tag ist heimgegangen;
ich sah ihn über Berge ziehn,
und all mein sehnendes Verlangen
floh mit ihm hin.« Clemens Brentano

»Bringt Sankt Gorgon Regen,
folgt ein Herbst mit bösen Wegen.«

10

Theodard, Pulcheria, Nikolaus

Franz Werfel, *1890-1945, tschech.-österr. Dichter*

»Das Geheimnis des Lebens liegt im Suchen nach Schönheit.« Oscar Wilde

TIPP Tomatensauce sollte möglichst frisch verbraucht und nicht lange aufbewahrt werden. Den bisweilen ein wenig säuerlichen Geschmack können Sie durch die Zugabe einer Prise Zucker mildern.

September

11

Adelmar, Felix, Regula, Maternus

Franz Beckenbauer, **1945, dt. Fußballspieler und Trainer*

»Bleiben jetzt die Schwalben lange,
so sei vor dem Winter nicht bange.«

TIPP Wenn Schuhe aus Glattleder nass geworden sind, sollen sie mit Zeitungspapier ausgestopft und getrocknet werden. Allerdings dürfen sie dann nicht in der Nähe der Heizung stehen.

12

Maria, Gerfrid, Guido

»Gegen Schmerzen der Seele gibt es nur zwei Arzneimittel: Hoffnung und Geduld.« Pythagoras

»An Maria Namen
sagt der Sommer Amen.«

TIPP Das ungeliebte Ergrauen Ihrer Haare können Sie ein wenig verlangsamen, indem Sie beim Waschen einen Schuss Essig hinzufügen.

September

13

Notburga, Johannes Chrysostomus, Tobias

Arnold Schönberg, *1874-1951, österr. Komponist*
Marie von Ebner-Eschenbach, *1830-1916, österr. Dichterin*

»Kunst kommt nicht von Können, sondern von Müssen.« Arnold Schönberg

TIPP Wenn Sie gelegentlich mit einer Feldmaus zu kämpfen haben, so verteilen Sie etwas Minzöl im Haus. Das vertreibt den Plagegeist.

14

Conan

KREUZERHÖHUNG

Viel besucht sind an diesem Tag Kirchen mit Kreuzreliquien, wie z. B. in Limburg, Köln, Ulm und Trier. Der 14.9. war der Kirchweihtag der Kreuzkirche in Jerusalem, in der bis 614 das Kreuz Christi aufbewahrt wurde, bevor es zerteilt und in alle Welt verteilt wurde.

Theodor Storm, *1817-1888, dt. Dichter*

15

Roland, Dolorosa, Melitta, Notburg, Ludmilla

Prinz Harry von Großbritannien, **1984*

»Es gibt nur drei Methoden, um leben zu können: betteln, stehlen oder etwas leisten.« Graf von Mirabeau

Dolorosa kommt von »Mater dolorosa«, schmerzensreiche Mutter. Zunächst wurde das Fest der »Sieben Schmerzen Mariens« nur in der Diözese Köln begangen, seit 1814 ist es für die ganze Kirche gültig.

16

Kornelius, Cyprian, Edith, Julia

Hans Arp, *1887-1966, elsäss. Dichter*

»Fürchte dich nicht vor dem langsamen Vorwärtsgehen, fürchte dich nur vor dem Stehenbleiben.« Aus China

»Septemberdonner prophezeit
vielen Schnee zur Weihnachtszeit.«

TIPP Schnittlauch gehört stets in jede Kräutermischung.

September

17

Hildegard von Bingen, Robert, Ariadne

Robert Lembke, *1913-1989, dt. Journalist und Quizmaster*

»Fällt das Laub recht bald,
wird der Herbst nicht alt.«

TIPP Zierdisteln eignen sich ausgezeichnet für Trockensträuße. Am besten schneiden Sie die Pflanzen um die Mittagszeit ab, wenn die Blüten sich gerade geöffnet haben und der Tau abgetrocknet ist.

18

Lambert, Richardis

Greta Garbo, *1905-1990, schwed. Schauspielerin*

»Mit einer Kindheit voll Liebe aber kann man ein halbes Leben hindurch für die kalte Welt haushalten.«
Jean Paul

TIPP Verfilzte Wollsachen werden in warmem Bohnensud wieder wie neu. Die Textilien etwa eine Stunde darin einweichen und dann auswaschen.

September

19

Theodor, Januarius, Igor

»Bei uns ist das Denken stets auf Vorteil gerichtet und daher verächtlich geworden.« Oscar Wilde

»Eine Frau ohne Rivalin altert schnell.« Charles Baudelaire

TIPP Obst sollte möglichst getrennt von Gemüse und gärenden Getränken an einem kühlen und trockenen Ort aufbewahrt werden.

20

Eustachius, Warin

Sophia Loren, **1934, ital. Schauspielerin*

»Ist es doch eine allgemein menschliche Schwäche, sich von unsicheren und unbekannten Dingen allzu sehr in Hoffnung wiegen und in Schrecken setzen zu lassen.« Julius Cäsar

»Frische Septemberluft den Jäger zum Jagen ruft.«

September

21

Matthäus, Debora, Jonas

Leonard Cohen, **1934, kanad. Liedermacher*

»Ein ernstlich Verliebter ist in Gegenwart seiner Geliebten verlegen, ungeschickt und wenig einnehmend.« Immanuel Kant

TIPP Eine kleine Schale, mit einigen Tropfen Zitronen- oder auch Lavendelöl auf dem Fensterbrett platziert, wehrt Fliegen ab.

22

Mauritius, Emmeram, Liutrud, Gunthild

Michael Faraday, *1791-1867, engl. Erfinder*
Hans Albers, *1891-1960, dt. Schauspieler*

»Das Glück wohnt nicht im Besitze und nicht im Golde; das Glücksgefühl ist in der Seele zu Hause.« Demokrit

TIPP Wenn Sie zwischen Ihre Rosen Lavendel oder Tagetes gesetzt haben, halten Sie Blattläuse ohne chemische Mittel wirkungsvoll fern.

September

Thekla, Liutwin, Linus, Gerhild

23

Herbstanfang

Theodor Körner, *1791-1813, dt. Dramatiker*

»Erst seit ich liebe, weiß ich, dass ich lebe.«
Theodor Körner

»Gleichheit ist die Seele der Freundschaft« Aristoteles

»Im September schwitzen –
im Dezember sitzen.«

Rupert, Virgil, Gerhard, Hermann

24

Jim Henson, *1936-1990, amerik. Puppenspieler und Produzent*

»Wie oft verwechselt man Einfälle mit Ideen!«
Friedrich Hebbel

Das heutige Fest der allerseligsten Jungfrau Maria von der Erlösung der Gefangenen soll an die Gründung des Ordens der Mercedarier (zum Loskauf der gefangenen Christen aus der Gewalt der Sarazenen) erinnern.

25

Klaus, Firmin, Wigger

Michael Kirk Douglas, **1944, amerik. Schauspieler*
Dmitri Schostakowitsch, *1906-1975, russ. Komponist*

»Glück ist dem Menschen gefährlicher als Unglück. Dieses hält ihn wachsam, jenes macht ihn gleichgültig.«
Montesquieu

»Viel Eicheln im September,
viel Schnee im Dezember.«

26

Kosmas, Damian, Eugenia

George Gershwin, *1898-1937, amerik. Komponist*

»An Kosmas und Damian
fängt das Laub zu färben an.«

TIPP Bei Magenbeschwerden sollten Sie ein altbewährtes, einfaches Hausmittel probieren: Kochen Sie etwas Kümmel und eine geschälte, frische Knoblauchzehe in Milch auf, und trinken Sie diese Mischung.

September

27

Vinzenz von Paul, Hiltrud, Dietrich I.

»Was mich nicht umbringt, macht mich stärker.«
Friedrich Nietzsche

»An Septemberregen für Saat und Reben
ist dem Bauern gelegen.«

TIPP Trauben und Traubenmost haben eine abführende Wirkung. Wer mit Verdauungsproblemen kämpft, kann damit kurzfristig Abhilfe schaffen.

28

Wenzel, Lioba, Thiemo, Konrad II.

Brigitte Bardot, **1934, frz. Schauspielerin und Tierschützerin*

»Es holt herbei Sankt Michael
die Lampe wieder und das Öl.«

Am Vorabend des Michaelitages wurde früher nach altem Brauch das Michaelifeuer entzündet. Denn jetzt beginnt die Zeit, in der die Tage kürzer werden und es früher dunkel wird.

September

29

Michael, Gabriel, Raphael

»Das Urteil der Menge mache dich immer nachdenklich, aber niemals verzagt.« August von Platen

»Regnet's sanft am Michaelstag,
sanft auch der Winter werden mag.«

Früher war der Michaelitag ein Feiertag mit Michaelidult und -markt. In manchen Gegenden haben sich diese Märkte bis heute erhalten.

30

Urs, Viktor, Hieronymus

Jurek Becker, *1937-1997, dt. Schriftsteller*
Elie Wiesel, **1928, amerik. Schriftsteller*

»Auch was wir am meisten sind, sind wir nicht immer.« Marie von Ebner-Eschenbach

TIPP Die Papaya hat bei kleineren Schnittverletzungen eine heilende Wirkung. Reiben Sie die betroffenen Stellen mit einem Stückchen Fruchtfleisch ein.

Oktober

01

Theresia, Remigius, Giselbert, Emanuel, Werner

Günter Wallraff, **1942, dt. Journalist und Autor*
Jimmy Carter, **1924, amerik. Politiker*

»Wer hinter mehreren Hasen herläuft, fängt keinen.«
Aus Griechenland

»Im Kampf gegen den Krieg sollten die Frauen die Führerinnen sein. Es ist die ihnen gemäße Aufgabe.«
Mahatma Gandhi

02

Hermann, Uriscin

Andreas Gryphius, *1616-1664, dt. Dichter*
Mahatma Gandhi, *1869-1948, ind. Freiheitskämpfer*

»Man lacht nicht, weil du alt, glaub mir, man lacht allein, weil du, die doch so alt, durchaus nicht alt willst sein.« Andreas Gryphius

TIPP Einem angegriffenen Magen hilft oft eine lauwarme Tasse Melissentee.

03

Ewald, Udo, Leodegar, Niketius

TAG DER DEUTSCHEN EINHEIT

»Nicht darauf kommt es an, dass man ein argloses Menschenkind mit Schätzen überhäuft, als vielmehr einzig nur darauf, dass man seinen oft recht bescheidenen Wunsch erfüllt.« Peter Rosegger

»Laubfall an Sankt Leodegar
kündet an ein fruchtbar' Jahr.«

04

Franz von Assisi, Aurea

»Für die Toten Wein, für die Lebenden Wasser: Das ist eine Vorschrift für Fische.« Martin Luther

»Oktoberhimmel voller Sterne
hat warme Öfen gerne.«

TIPP Wenn man über einen längeren Zeitraum morgens einen Petersilienstängel kaut, kann man chronischer Kopfschmerzen Herr werden.

Oktober

05

Placidus, Meinolf, Galla

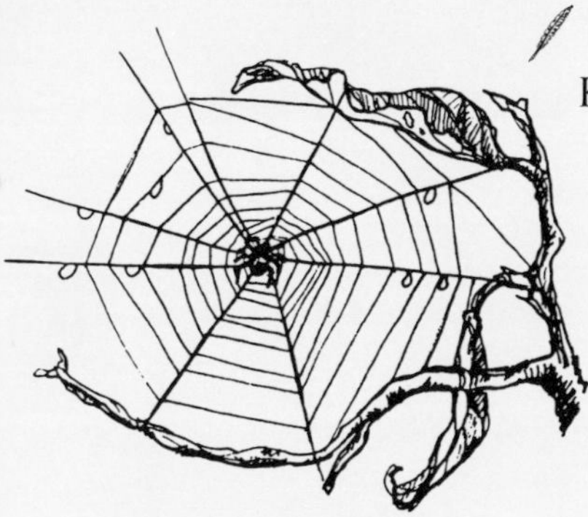

»Wie unglücklich ist das Los der Menschen! Kaum ist der Geist zur Ruhe gelangt, so beginnt der Körper schwach zu werden.« Montesquieu

»Wer den Häuptling an seine Schuhe erinnert, wird sie auch holen müssen.« Aus Tansania

»Ziehen die Spinnen ins Gemach,
kommt gleich der Winter nach.«

06

Bruno, Adalbero, Renatus

Le Corbusier, *1887-1965, frz.-schweiz. Architekt*

»Es gibt Zeiten, wo die öffentliche Meinung die schlechteste aller Meinungen ist.« Nicolas Chamfort

TIPP Nun zeigt sich die Natur in den schönsten Farben. Sie können Spaziergänge im Herbst dazu nutzen, bunt gefärbtes Laub zu sammeln und es für Tischdekorationen und Blumengestecke verwenden.

Oktober

07

Gerold, Rosa, Justina

»Der zufriedene Mensch, wenn auch arm, ist glücklich; der unzufriedene Mensch, wenn auch reich, ist traurig.« Aus China

»Oktoberwinde – glaube es mir –
verkünden harten Winter dir.«

»Fanatismus findet sich nur bei solchen, die einen inneren Zweifel zu übertönen suchen.« Carl Gustav Jung

08

Simeon, Demetrius, Gunther

»Nicht jene, die streiten, sind zu fürchten, sondern jene, die ausweichen.« Marie von Ebner-Eschenbach

»Hält der Oktober das Laub,
wirbelt zu Weihnachten Staub.«

TIPP Ihre Thermosflaschen lassen sich problemlos reinigen, indem Sie eine zerdrückte Eierschale mit etwas Essig hineinfüllen und sie dann kräftig durchschütteln.

Oktober

09

Gunther, Dionysius, Johannes, Sibylle, Abraham

Camille Saint-Saëns, *1835-1921, frz. Komponist*

»Wer von Anfang an genau weiß, wohin der Weg führt, bringt es nie weit.« Napoleon I.

TIPP In einem kalten Oktober können die Raupen erfrieren. Allerdings wird es trotzdem Schmetterlinge im Garten geben, denn nach der Verpuppung sind sie gewissermaßen winterhart.

10

Gereon, Viktor, Nuncius, Tuto

Giuseppe Verdi, *1813-1901, ital. Komponist*
Alberto Giacometti, *1901-1966, frz.-schweiz. Bildhauer*

»Tausend und abertausend Ströme fließen ins Meer, aber das Meer ist nie voll – und könnte der Mensch Stein zu Gold verwandeln, sein Herz ist nie zufrieden.« Aus China

»Wie im Oktober die Regen hausen,
so im Dezember die Winde sausen.«

11

Bruno, Ethelburg

Conrad Ferdinand Meyer, *1825-1898, schweiz. Dichter*

»Ich bin kein ausgeklügelt Buch; ich bin ein Mensch mit seinem Widerspruch.« Conrad Ferdinand Meyer

TIPP Bei Fettgebackenem ist die Temperatur des Fettes wichtig. Ist sie zu hoch, verkrustet das Gebäck und ist innen teigig. Bei zu niederer Temperatur nimmt das Gebäck zu viel Fett auf.

12

Edwin, Maximilian, Herlind, Gottfried

»Bescheidenheit ist der Anfang aller Vernunft.« Ludwig Anzengruber

»Ist der Oktober kalt,
macht er dem Raupenfraß halt.«

TIPP Ihre Einmachgläser öffnen Sie sehr viel leichter, wenn Sie die geschlossenen Gläser kurz mit dem Deckel in heißes Wasser stellen.

Oktober

13

Eduard, Aurelia, Koloman, Reginbald

»Ein Baumstamm, der jahrelang im Wasser liegt, wird nie ein Krokodil.« Aus Afrika

»Wer das erste Knopfloch verfehlt, kommt mit dem Zuknöpfen nicht zu Rande.« Johann Wolfgang von Goethe

TIPP Bei Rheuma, Ischias und auch Muskelkater hilft ein Badezusatz aus Wacholder. Gönnen Sie sich ab und zu ein entspannendes Vollbad.

14

Burkhard, Kalixtus I., Hildegund, Alan

Heinrich Schütz, *1585-1672, dt. Komponist*

»Jedenfalls ist es besser, ein eckiges Etwas zu sein als ein rundes Nichts.« Friedrich Hebbel

»Sprachkürze gibt Denkweite.« Jean Paul

»Oktober und März
gleichen sich allerwärts.«

Oktober

15

Theresia, Aurelia

Friedrich Nietzsche, *1844-1900, dt. Philosoph*

»Nicht, dass du mich belogen hast, sondern dass ich dir nicht mehr glaube, hat mich erschüttert.« Friedrich Nietzsche

»Zur Freundschaft gehört: dass wir einander gleichen, einander in einigem übertreffen, einander in einigem nicht erreichen.« Jean Paul

16

Hedwig, Margareta, Gallus

Günter Grass, **1927, dt. Schriftsteller*
Adolph Franz Friedrich Freiherr von Knigge, *1752-1796, dt. Schriftsteller*

»Späte Rosen im Garten
lassen den Winter noch warten.«

»Jedes große Übergewicht von einer Seite zerstört die Freundschaft.« Adolph Freiherr von Knigge

Oktober

17

Ignatius, Anselm

Georg Büchner, *1813-1837, dt. Dichter, Arzt und Philosoph*
Emanuel Geibel, *1815-1884, dt. Dichter*

»Armut ist eine Sandbank, Reichtum ein Felsen im Meer des Lebens. Die Glücklichen schiffen hindurch.«
Ludwig Börne

»Nur wer verzagend das Steuer loslässt, ist im Sturm verloren.« Emanuel Geibel

18

Lukas, Gwen

Heinrich von Kleist, *1777-1811, dt. Dichter*

»Zuversicht wie ein Berg so groß, dem Tadel verschanzt sein, viel verliebt in sich selbst: Daran erkenn' ich den Geck.« Heinrich von Kleist

»Die Zeit ist nur ein leerer Raum, dem Begebenheiten, Gedanken und Empfindungen erst Inhalt geben.«
Wilhelm von Humboldt

19

Paul, Isaak, Jean

»Ein guter Nachbar ist besser als ein Bruder in der Fremde.« Volksmund

»Oktobergewitter sagen beständig,
der kommende Winter wird wetterwendig.«

TIPP Durch regelmäßiges Einmassieren mit medizinischer Schmierseife können Sie Rheumaschmerzen im Knie etwas lindern.

20

Wendelin, Vitalis

Elfriede Jelinek, **1946, österr. Schriftstellerin*

»Nicht wer zuerst die Waffen ergreift, ist Anstifter des Unheils, sondern wer dazu nötigt.«
Niccolò Macchiavelli

TIPP Fügen Sie jeder süßen Speise eine Prise Salz zu, und an jede salzige Speise geben Sie eine Prise Zucker. Damit verstärken Sie den Eigengeschmack.

Oktober

21

Ursula

Dizzy Gillespie, *1917-1993, amerik. Jazzmusiker*

»Liebe ist die Poesie der Sinne.« Honoré de Balzac

»Hart kann die Tugend sein, doch grausam nie, unmenschlich nie.« Friedrich von Schiller

»Sankt Ursulas Beginn
zeigt auf den Winter hin.«

22

Kordula, Ingbert, Salome

Franz Liszt, *1811-1886, ungar.-dt. Komponist und Pianist*
Sarah Bernhardt, *1844-1923, frz. Schauspielerin*

»Jeder einzelne im Publikum ist ein Esel, aber alle zusammen sind sie die Stimme Gottes.« Franz Liszt

»Wie unglücklich ist das Los der Menschen! Kaum ist der Geist zur Ruhe gelangt, so beginnt der Körper schwach zu werden.« Montesquieu

Oktober

23

Johannes, Severin, Jakobus, Oda

Adalbert Stifter, *1805-1868, österr. Dichter*
Albert Lortzing, *1801-1851, dt. Komponist*

»Was wäre denn der Künstler, wenn ihn gleich jeder Narr verstünde?« Adalbert Stifter

TIPP Wenn Sie Kartoffeln abkochen, kann das abgekühlte Kochwasser sehr gut als Flüssigdünger für Ihre Topfpflanzen verwendet werden.

24

Antonius, Evergislus

August Graf von Platen, *1796-1835, dt. Dichter*

»Bemerke, höre, schweige. Urteile wenig, frage viel.« August von Platen

TIPP Nun können Sie Zwiebel- und Knollenpflanzen aus der Erde nehmen. Zum Abtrocknen sollten sie einige Tage im Freien bleiben und dann bei drei bis sieben Grad auf Sand, Torf oder Zeitungspapier überwintern.

Oktober

25

Krispin, Chrysanth, Daria, Ludwig III.

Georges Bizet, *1838-1875, frz. Komponist*
Pablo Picasso, *1881-1973, span. Maler*
Johann Strauß, *1825-1899, österr. Komponist*

»Klage nicht über einen kleinen Schmerz; das Schicksal könnte ihn durch einen größeren heilen.« Friedrich Hebbel

»Am Tage von Krispin
sind alle Fliegen dahin.«

26

Amandus, Witta, Gerwich, Josephine

»Während ich male, lasse ich meinen Körper draußen vor der Tür, wie die Moslems ihre Schuhe vor der Moschee.« Pablo Picasso

»Die Freundschaft ist ein Kapital, dessen Zinsen niemals verloren gehen.« Johann Georg Hamann

»Kommt die Feldmaus in das Dorf,
so kümm're dich um Holz und Torf.«

Oktober

27

Wolfhard

Niccolò Paganini, *1782-1840, ital. Geiger und Komponist*
Roy Lichtenstein, *1923-1997, amerik. Maler und Grafiker*

»Fällt im Wald das Laub sehr schnell,
ist der Winter früh zur Stell'.«

TIPP Gerade im Winter kann das Tragen einer Brille unangenehm sein. Wenn Sie Ihre Brillengläser mit ein paar Tropfen Glyzerin polieren, laufen sie nicht an.

28

Alfred, Simon, Judas

Francis Bacon, *1909-1992, engl. Maler*

»Das Glück wohnt nicht im Besitze und nicht im Golde, das Glücksgefühl ist in der Seele zu Hause.«
Demokrit

TIPP Wenn sich der Essig trübt, hat das keinerlei Einfluss auf den Geschmack. Seihen Sie den Essig durch eine Filtertüte, dann wird er wieder klar.

Oktober

29

Ermelind, Narzissus

Jean Giraudoux, *1882-1944, frz. Schriftsteller*

»Die Sterne, die begehrt man nicht, man freut sich ihrer Pracht, und mit Entzücken blickt man auf in jeder heitern Nacht.« Johann Wolfgang von Goethe

TIPP Beim Einkochen erhält Ihr Gelee die richtige Konsistenz, wenn Sie die zweite Hälfte der vorgeschriebenen Zuckermenge erst nach dem Kochen hinzufügen.

30

Bernhard, Thöger, Emicho

Louis Malle, *1932-1995, frz. Filmregisseur*

»Ist der Oktober freundlich und mild,
ist der März dafür rau und wild.«

TIPP Kaugummi lässt sich sehr leicht entfernen, wenn man die Textilien in einer gut verschlossenen Plastiktüte ins Gefrierfach legt. Der gefrorene Kaugummi bröckelt und kann einfach ausgebürstet werden.

31

Wolfgang, Jutta

REFORMATIONSTAG

Der Reformationstag, an dem evangelische Christen Luthers Thesenanschlag an der Schlosskirche zu Wittenberg im Jahre 1517 gedenken, ist kein gesetzlicher Feiertag und wird von den Gemeinden im Gottesdienst des darauf folgenden Sonntags begangen.

Helmut Newton, **1920, amerik. Fotograf*

November

01

Rupert, Harald, Wolfhold, Luitpold

ALLERHEILIGEN

Seit dem neunten Jahrhundert gedenkt die Kirche an diesem Tag aller Märtyrer, Heiligen und Seeligen. Der Tag symbolisiert auch den Beginn der kalten Jahreszeit und den Abschied vom Altweibersommer. Die Gräber werden geschmückt und winterfest gemacht.

Ilse Aichinger, **1921, österr. Schriftstellerin*

02

Willibold, Angela

ALLERSEELEN

An diesem Tag wird der Verstorbenen gedacht. Man betet für die armen Seelen im Fegefeuer.

Burt Lancaster, *1913-1994, amerik. Schauspieler*

»Wir sollten das Leben verlassen wie ein Bankett: weder durstig noch betrunken.« Aristoteles

November

03

Hubert, Martin, Pirmin, Silvia

Vincenzo Bellini, *1801-35, ital. Komponist*

»Der Reichtum gleicht dem Seewasser: Je mehr man davon trinkt, desto durstiger wird man.« Arthur Schopenhauer

An vielen Orten findet heute die so genannte Hubertusjagd – eine Treibjagd auf Sauen und Hasen – statt. Die Hubertusmesse zu Ehren des Heiligen wird meist vorher abgehalten.

04

Karl, Gregor, Reginhard

Klabund (d. i. Alfred Henschke), *1890-1928, dt. Schriftsteller*

»Es ist nicht der Verstand, auf den es ankommt, sondern auf das, was ihn leitet: Herz und Charakter.« Fjodor M. Dostojewskij

TIPP Das gelegentliche Kauen einer Zwiebelscheibe oder einer Wacholderbeere stärkt Ihr Immunsystem und beugt so einer Erkältung vor.

November

05

Emmerich, Berthild

Hans Sachs, *1494-1576, dt. Meistersinger und Dichter*
Vivien Leigh, *1913-1967, engl. Schauspielerin*

»Mensch, was du tust, bedenk das End',
das wird die höchst' Weisheit genennt.« Hans Sachs

»Der Tod des jungen Menschen ist wie ein Schiffbruch, der eines alten Menschen wie die Einfahrt in den Hafen.« Plutarch

06

Leonhard, Modesta, Rudolf

Robert Musil, *1880-1942, österr. Schriftsteller*
Julius Hackethal, *1921-1997, dt. Mediziner*

»Die Werke der Alten sind der Nordstern für jedes künstlerische oder literarische Streben. Geht der euch unter, so seid ihr verloren.« Arthur Schopenhauer

»November tritt oft hart herein,
braucht nicht viel dahinter zu sein.«

November

07

Willibrord, Engelbert I., Karina, Ernst, Gisbert

Fritz Reuter, *1810-1874, dt. Dichter*
Dame Gwyneth Jones, **1936, walis. Opernsängerin*

»Licht senden in die Tiefe des menschlichen Herzens ist des Künstlers Beruf.« Robert Schumann

TIPP Fleisch wird in jedem Fall zarter, wenn Sie es zunächst einmal einfrieren, weil dadurch die Faserzellen aufgebrochen werden.

08

Gottfried, Gregor, Johannes

Christiaan Barnard, **1922, südafr. Herzchirurg*
Katharine Hepburn, **1907, amerik. Schauspielerin*

»Mein Verzeichnis von Bösewichten wird mit jedem Tag, den ich älter werde, kürzer und mein Register von Toren vollzähliger und länger.« Friedrich von Schiller

»Baumblüt' im November gar,
noch nie ein gutes Zeichen war.«

November

09

Theodor, Ragnulf, Herfrid, Roland

»Das Beste, was wir von der Geschichte haben, ist der Enthusiasmus, den sie erregt.« Johann Wolfgang von Goethe

»Ist um Sankt Martin der Baum schon kahl, macht der Winter keine Qual.«

TIPP Nistkästen sollten immer von der Wetterseite abgewandt aufgehängt werden, damit es nicht in sie hineinregnen kann.

10

Leo, Justus, Johannes

Martin Luther, *1483-1546, dt. Theologe und Reformator*
Friedrich von Schiller, *1759-1805, dt. Dichter*
Richard Burton, *1925-1984, engl. Schauspieler*

»Vollkommen sein heißet Gott fürchten und lieben und dem Nächsten alles Gute tun.« Martin Luther

»Alle anderen Dinge müssen. Der Mensch ist das Wesen, welches will.« Friedrich von Schiller

11

Martin

Hans Magnus Enzensberger, *1929, *dt. Dichter*

Der hl. Martin teilte einer Legende nach in einer sehr kalten Nacht seinen Mantel mit einem frierenden Bettler. Noch heute finden Lichterumzüge mit Laternen zu Ehren des Heiligen statt. Eine festliche, mit Kastanien und Kartoffeln gefüllte Martinsgans mit Rotkohl und Klößen gehört ebenfalls zum guten Brauch an diesem Tag.

12

Kunibert, Josaphat, Ämilian

Vicco von Bülow (»Loriot«), *1923, *dt. Humorist*

»Das Huhn, das einen Kater heiraten will, ist verrückt.« Aus Mosambique

TIPP Wem die Martinsgans zu fett ist, sollte sie waschen und anschließend mit ausreichend heißem Wasser begießen. So wird Fett ausgeschwemmt. Zusätzlich stechen Sie die Haut vor dem Braten ein wenig an.

November

13

Stanislaus, Briktius, Wilhelm

Oskar Werner, *1922–1984, österr. Schauspieler*

»Unser Anteil an öffentlichen Angelegenheiten ist meist nur Philisterei.« Johann Wolfgang von Goethe

TIPP Peinliche Fettflecke auf Dokumenten und Papieren entfernen Sie mühelos, indem Sie sie zunächst mit angewärmtem Kartoffelmehl bestreuen und danach vorsichtig ausbürsten.

14

Alberich, Sidonius

Gasparo Spontini, *1774–1851, ital. Komponist*

»Wenn du zu anderen gut bist, bist du am besten zu dir selbst.« Benjamin Franklin

TIPP Einer aufkeimenden Erkältung werden Sie oft noch mit einer Schwitzkur Herr. Ein Grog aus Rum, Fliederbeeren oder Holunder sowie heißes Bier eignen sich hierzu besonders gut.

November

15

Albert der Große, Leopold III.

Wolf Biermann, **1936, dt. Lyriker und Liedermacher*
Gerhart Hauptmann, *1862-1946, dt. Dramatiker*

»Vielleicht kann man glücklich sein, wenn man es sein will, und ich hab einmal gelsesen, man könne das Glück auch lernen.« Theodor Fontane

»Im November viel nass,
auf den Wiesen viel Gras.«

16

Margarete, Ottmar

Paul Hindemith, *1895-1963, dt. Komponist*

»Es gibt Dinge, die man bereut, ehe man sie tut. Und man tut sie doch.« Friedrich Hebbel

TIPP Ein Glas warmes Dunkelbier mit einem verquirlten Ei ist ein hervorragendes Schlafmittel und eignet sich darüber hinaus gut zur Abwehr einer aufkommenden Erkältung.

November

17

Gertrud, Viktoria, Hilda, Hiltrud

Rock Hudson, *1925-1985, amerik. Schauspieler*

»Novemberdonner hat die Kraft,
dass er viel Getreide schafft.«

TIPP Topinambur, auch Erdbirne genannt, ist eine der Kartoffel sehr ähnliche Knolle und eine ausgesprochen robuste und anspruchslose Pflanze. Sie kann bei noch nicht gefrorenem Boden gepflanzt werden.

18

Odo, Gerung

Klaus Mann, *1906-1949, dt. Schriftsteller*
Carl Maria von Weber, *1786-1826, dt. Komponist*

»Fällt im November Laub zu Erden,
wird's ein guter Sommer werden.«

TIPP Etwas verschrumpelte Kartoffeln legen Sie einfach für kurze Zeit in kaltes Wasser, damit sie wieder fest und glatt werden.

November

19

Elisabeth, Swidger, Mechthild

Anna Seghers, *1900-1983, dt. Schriftstellerin*

»Verlache den kleinen Kern nicht! Eines Tages wird er ein Palmbaum sein.« Arabisches Sprichwort

TIPP Der Verzehr von ein bis zwei rohen Äpfeln reicht oft schon aus, um Ihr Sodbrennen zu lindern.

»Die gute Ehe ist ein ewiger Brautstand.« Theodor Körner

20

Korbinian, Bernward, Edmund

»Lass deinen alten Freund nicht fahren, denn der neue kommt ihm nicht gleich.« Persisches Sprichwort

»Wenn im November die Wasser schwellen,
gibt's im Frühling viel Wellen.«

TIPP Vanillezucker können Sie selbst herstellen: Geben Sie ein Stück Vanilleschote und das ausgekratzte Mark mit gewöhnlichem Zucker in ein Schraubglas.

November

21

Amalberg, Johannes

Viktoria, *1840-1901, dt. Kaiserin und preuß. Königin*

»Je mehr Schnee im November fällt,
umso fruchtbringender wird das Feld.«

Das Fest Mariä Opferung wurde 1585 von Sixtus V. eingeführt. Der Legende nach wurde die dreijährige Maria von ihren Eltern zu den Tempeljungfrauen nach Jerusalem gebracht, wo sie erzogen werden sollte.

22

Cäcilia

Wilhelm Friedemann Bach, *1710-1784, dt. Komponist*
Boris Becker, **1967, dt. Tennisspieler*

»November hell und klar
ist übel fürs nächste Jahr.«

TIPP Die regelmäßige Einnahme von Bierhefeflocken beugt Hautunreinheiten vor und trägt dazu bei, dass Unreinheiten gemildert werden.

November

23

Kolumban, Klemens, Felizitas, Detlev

Paul Celan, *1920-1970, dt.-rum. Lyriker*

»Ich bin immer bereit zu lernen, aber nicht immer, mich belehren zu lassen.« Oscar Wilde

»Wie viel Unrecht kann die Umarmung eines Freundes wieder gutmachen.« Jean-Jacques Rousseau

»Novemberschnee tut den Saaten wohl, nicht weh.«

24

Flora, Modestus

Henri de Toulouse-Lautrec, *1864-1901, frz. Maler*

»Wenn der November regnet und frostet,
dies leicht die Saat das Leben kostet.«

TIPP Übriger Zitronensaft kann in einem Eiswürfelbehälter eingefroren werden. So können Sie kleine Portionen einzeln auftauen. Zitronen enthalten viel Vitamin C und sind eine ideale Frucht für die kalte Jahreszeit.

November

25

Katharina, Egbert

Andrew Carnegie, *1835-1919, amerik. Großindustrieller*

»Wahre Freundschaft kommt am schönsten zur Geltung, wenn es ringsumher dunkel wird.« Flämisches Sprichwort

»Viel Regen im November,
viel Wind im Dezember.«

TIPP Gegen Kalkablagerungen hilft Essig am besten.

26

Konrad, Ida, Albert

»Fast nie kommt der Mensch aus Vernunft zur Vernunft.« Montesquieu

»Ist im November die Buche im Saft,
viel Nässe dann der Winter schafft.«

TIPP Bei schlecht heilenden Wunden, offenen Beinen und Thrombosen können Zinnkrautverbände die Beschwerden lindern.

November

27

Modestus, Bilhild, Oda

»Die Nützlichkeit des Lebens liegt nicht in seiner Länge, sondern in seiner Anwendung.« Michel de Montaigne

»Novemberwasser auf den Wiesen,
dann wird das Gras im Lenze sprießen.«

TIPP Blattläuse an Ihren Zimmerpflanzen bekämpfen Sie am besten mit Zigarren- und Zigarettenasche, die Sie auf die Topferde streuen.

28

Berta, Gunther

Stefan Zweig, *1881-1942, österr. Schriftsteller*

»Wer keine Freunde hat, lebt nur zur Hälfte.«
Aus Frankreich

»Wenn's im November donnern tut,
wird das nächste Jahr nicht gut.«

TIPP Eine Duftlampe mit Neroliöl vertreibt schlechte Laune.

29

Jutta, Friedrich

Wilhelm Hauff, *1802-1827, dt. Dichter*
Jacques Chirac, **1932, frz. Politiker*

»Die Leihbibliotheken studiere, wer den Geist des Volkes kennen lernen will.« Wilhelm Hauff

TIPP Eine Bierspülung – ohne klares Nachspülen – hilft gegen fettiges Haar. Wenden Sie die Spülung regelmäßig an, dann werden Sie den Erfolg bald sehen.

30

Andreas

Winston Churchill, *1874-1965, engl. Politiker*

»Ich glaube nur an Statistiken, die ich selbst gefälscht habe.« Winston Churchill

TIPP Ein müdes und abgespanntes Gesicht wird mit kaltem Wasser schnell wieder frisch. Lassen Sie einen kalten, nicht zu kräftigen Wasserstrahl langsam über das ganze Gesicht laufen.

Dezember

01

Blanka, Natalie, Eligius, Charles

Ernst Toller, *1893-1939, dt. Dramatiker*
Woody Allen, **1935, amerik. Schauspieler und Regisseur*

Ob gekauft oder selbst gefertigt, ist der Adventkalender ein immer noch beliebter Brauch, um den Kindern das Warten auf das Christkind zu erleichtern. Der Kalender wird oftmals mit kleinen Leckereien gefüllt. Bis zum Heiligen Abend am 24. Dezember darf jeden Tag ein Türchen geöffnet werden.

02

Luzius, Bibiana

Botho Strauß, **1944, dt. Dramatiker*
Maria Callas, *1923-1977, griech. Sopranistin*

»Kein Mensch will etwas werden, ein jeder will schon etwas sein.« Johann Wolfgang von Goethe

TIPP Ist die Metallfläche des Bügeleisens stumpf geworden, reibt man sie am besten mit einem in Essig getränkten Tuch ab.

03

Franz Xaver, Emma, Gerlind

Katharina Witt, **1965, dt. Eiskunstläuferin*

»Alles, was Spaß macht, hält jung.« Curd Jürgens

»Kannst du kein Stern am Himmel sein, so sei eine Lampe im Haus.« Aus Arabien

TIPP Gurgeln Sie mit lauwarmem Salzwasser, um Ihre Halsschmerzen zu bekämpfen.

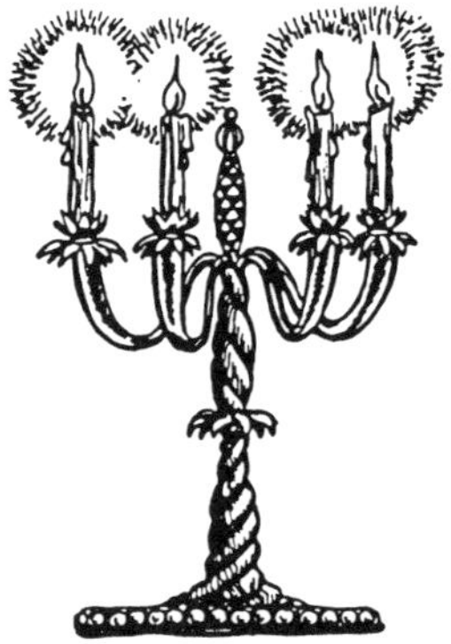

04

Barbara, Johannes, Christian, Adolph

Rainer Maria Rilke, *1875-1926, dt. Dichter*

»Wer im zwanzigsten Jahr nicht schön, im dreißigsten nicht stark, im vierzigsten nicht klug, im fünfzigsten nicht reich ist, der darf danach nicht hoffen.« Martin Luther

»Geht Barbara im Klee,
kommt das Christkind im Schnee.«

Dezember

05

Hartwich, Anno, Reginhard

Johannes Heesters, **1903, österr. Schauspieler und Sänger*

»Nur durch Liebe, nicht durch deutsche Philosophie versteht man den Sinn dieser Welt.« Oscar Wilde

TIPP Entzündungen im Mundraum beugen Sie vor, indem Sie sich die Zähne gelegentlich mit warmem Salbeitee putzen: einen Teelöffel Salbeiblätter mit einer Tasse Wasser überbrühen, zehn Minuten ziehen lassen.

06

Nikolaus

Peter Handke, **1942, dt. Schriftsteller und Dramatiker*

Der bekannteste Heilige des Jahres hat heute seinen großen Tag. Auch wenn man eigentlich nicht viel über ihn weiß, so ist er als Schutzpatron der Kinder in der Vorweihnachtszeit allgegenwärtig. Die bei Einbruch der Dunkelheit zu erwartenden Gaben in Strumpf oder Stiefel versetzen die Kleinen in helle Aufregung und machen ihn zur Lieblingsfigur des Advents.

Dezember

Ambrosius, Gerald

07

Johann Nepumuk Nestroy, *1801-1862, österr. Bühnenautor*

»Dezember kalt im Schnee
tut dem Ungeziefer weh.«

TIPP Das Adventsgebäck bekommt ein ganz besonderes Aroma und duftet wunderbar, wenn Sie das Backblech im Backofen erwärmen und vor dem Backen mit etwas Bienenwachs einreiben.

Maria Immaculata, Konstantin

08

MARIÄ EMPFÄNGNIS

Jean Sibelius, *1865-1957, finn. Komponist*

»Die kleinsten Sünder tun die größte Buße.«
Marie von Ebner-Eschenbach

TIPP Orangeat, Rosinen usw. versinken nicht im Backwerk, wenn Sie sie vorher mit Mehl bestäuben.

Dezember

09

Liborius, Eucharius, Petrus

Ödön von Horváth, *1901-1938, ungar. Schriftsteller und Dramatiker*

»Ich würde nie ein Buch lesen, wenn ich die Gelegenheit hätte, mich eine halbe Stunde mit dem Mann zu unterhalten, der es geschrieben hat.« Woodrow Wilson

»Je tiefer der Schnee,
umso höher der Klee.«

10

Diethard, Tethard, Eulalia

César Franck, *1822-1890, frz. Komponist*

»Es kommt, wie es kommen muss, ist die Ausrede aller Faulpelze.« Wilhelm Raabe

»Glück ist Talent für das Schicksal.« Novalis

»Donnert's im Dezember gar,
kommt viel Wind das nächste Jahr.«

Dezember

11

♐ *Damasus, Tassilo III.*

Christian Dietrich Grabbe, *1801-1836, dt. Dichter*
Louis Hector Berlioz, *1803-1869, frz. Komponist*

»Den einen trägt, den andern ersäuft die Woge des Geschicks.« Christian Dietrich Grabbe

TIPP Wenn der Staubsauger gegen Tierhaare machtlos ist, versuchen Sie es mit einem Schwamm, den Sie mit Spiritus befeuchten.

12

♐ *Johanna Franziska, Hartmann, Dietrich*

Tschingis Aitmatow, **1928, kirg. Erzähler*

»Weht der Dezemberwind aus Ost, bringt er den Kranken schlechten Trost.«

TIPP Eine besondere Wohltat ist eine Gesichtscreme mit Fruchtzusatz. Eine zerdrückte Aprikose wird einfach unter eine neutrale Creme gemischt. Das glättet die Haut und wirkt belebend.

Dezember

13

Luzia, Odilia, Jodok

Heinrich Heine, *1797-1856, dt. Dichter*
Curd Jürgens, *1915-1982, dt. Schauspieler*

»In dem öden, ausgestorbenen Himmel sitzt auf eisernem Stuhl die letzte Göttin, die Notwendigkeit, mit ihrem traurigen Herzen.« Heinrich Heine

»Wenn's jetzt nicht wintert, sommert's auch nicht.«

14

Johannes, Berthold

Karl Carstens, *1914-1992, dt. Politiker*

»Der Mensch ist nie so schön, als wenn er um Verzeihung bittet oder selbst verzeiht.« Jean Paul

TIPP Wenn Sie Ihre Schneeschaufel mit Wachs einreiben, bleiben Matsch oder Schnee nicht so sehr daran kleben. Sie sollten die Schaufel während der Arbeit immer wieder mit Wachs behandeln.

Dezember

15

Wunibald, Christiane

Friedensreich Hundertwasser, **1928, österr. Maler*

»Der Blick des Forschers fand nicht selten mehr, als er zu finden wünschte.« Gotthold Ephraim Lessing

TIPP Bodenbeläge aus Kunststoff bringen Sie wieder zum Glänzen, indem Sie sie mit klarem, warmem Wasser nachwischen, dem Sie zuvor einen halben Liter magere H-Milch beigemischt haben.

16

Adelheid, Sturmius

»Ich lerne es täglich, lerne es unter Schmerzen, denen ich dankbar bin: Geduld ist alles.« Rainer Maria Rilke

»Der Tag gehört dem Irrtum und dem Fehler, die Zeitreihe dem Erfolg und dem Gelingen.«
Johann Wolfgang von Goethe

»Eine gute Decke von Schnee
bringt Winterkorn in die Höh'.«

Dezember

17

Lazarus, Jolanda

Ludwig van Beethoven, *1770-1827, dt. Komponist*

»Die Menschen haben viele absonderliche Tugenden erfunden, aber die absonderlichste von allen ist die Bescheidenheit. Das Nichts glaubt dadurch etwas zu werden, das es bekennt: Ich bin nichts.« Friedrich Hebbel

»Ist der Winter warm,
wird der Bauer arm.«

18

Sibylle, Philipp

Willy Brandt, *1913-1992, dt. Politiker*

»Unzählige Menschen haben Völker und Städte beherrscht, ganz wenige nur sich selbst.« Seneca

TIPP Planen Sie Ihre Weihnachtseinkäufe. In vielen Geschäften können und müssen Sie für die Feiertage vorbestellen. Sie holen Ihre Bestellungen einfach ab und kommen so entspannter in Festtagsstimmung.

Dezember

19

Petrus, Konrad

Tankred Dorst, **1925, dt. Dramatiker*
Rudi Carell, **1934, ndl. Showmaster und Produzent*

An die Herbergssuche erinnert heute noch in katholischen Gegenden ein Brauch: das »Frauentragen«. Unter Singen und Beten werden die Figuren von Maria und Josef von Haus zu Haus getragen, wo sie ein oder mehrere Tage aufgenommen werden. Die letzte Familie bringt die Figuren dann zur Christmette.

20

Eida, Hoger

»An Ideen fehlt es nicht, aber an den Männern, sie auszuführen.« Honoré de Balzac

»Wenn man den Winter soll loben,
so muss er frieren und toben.«

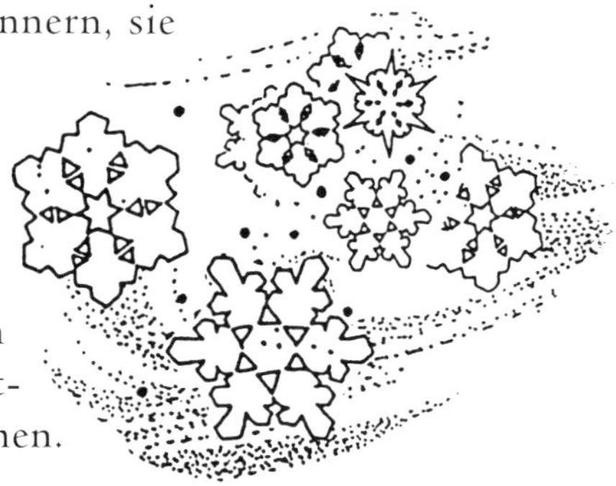

TIPP Nun sollte der Weihnachtskaktus seinen festen Standort an einem hellen oder halbschattigen, etwa 20 Grad warmen Platz bekommen.

Dezember

21

Winteranfang

Richard, Hagar

Heinrich Böll, *1917-1985, dt. Schriftsteller*

»Jedes Lob, auch wenn es noch so verdient ist, ist Schmeichelei, wenn man es an die Großen richtet.« Friedrich Schiller

TIPP Lassen Sie die Plätzchen vor dem Verpacken völlig auskühlen. Sie können dann in gut schließenden Blechdosen aufbewahrt werden.

22

Marian, Jutta

Gustaf Gründgens, *1899-1963, dt. Schauspieler und Theaterintendant*

»Man muss das Publikum zu sich heraufholen; man darf nicht zu ihm hinuntersteigen.« Gustaf Gründgens

TIPP Ihr Weihnachtsbaum hält sich länger, wenn Sie ihn gleich nach dem Kauf in kaltes Wasser mit etwas Glyzerin stellen.

Ivo, Johannes, Dagobert II., Viktoria

23

Akihito, **1933, Kaiser von Japan*

»Die Familie ist die älteste aller Gemeinschaften und die einzige natürliche.« Jean-Jacques Rousseau

TIPP Wenn der Plätzchenteig sehr weich ist, drücken Sie die Förmchen vor dem Ausstechen einfach in etwas Mehl. Bei einem festen Teig tauchen Sie die Förmchen vorher in warmes Wasser.

Adam, Eva, Hanno

24

HEILIGABEND

Die Küche an Heiligabend ist traditionell eher eine bescheidene. Gans, Truthahn und ähnliche Festtagsfreuden stehen in den meisten Regionen erst am ersten Weihnachtsfeiertag auf dem Speisezettel.

Elisabeth (Sissi), *1837-1898, Kaiserin von Österrreich*
Ava Gardner, *1922-1990, engl. Schauspielerin*

Dezember

25

Eugenia, Anastasia

ERSTER WEIHNACHTSFEIERTAG

Christian Hofmann von Hofmannswaldau, *1616-1679, dt. Lyriker*
Humphrey Bogart, *1899-1957, amerik. Schauspieler*

»Die meisten Frauen nehmen sich vor, ihren Mann zu ändern. Und wenn sie ihn dann geändert haben, gefällt er ihnen nicht mehr.« Marlene Dietrich

26

Stephan

ZWEITER WEIHNACHTSFEIERTAG

Richard Widmark, **1914, amerik. Schauspieler*

»Man gibt Almosen, um der Not zu helfen, aber nicht, um die Faulheit auf die Weide zu treiben.« Augustinus

»Bringt Sankt Stephan Wind,
die Winzer nicht fröhlich sind.«

27

Johannes Apostel, Fabiola, Walto

Carl Zuckmayer, *1896-1977, dt. Dramatiker*

»Ein Leben ohne Feste ist wie ein langer Weg ohne Einkehr.« Demokrit

TIPP Wenn heute die Post durch ist, haben Sie einen Überblick, wer Ihnen eine Karte geschrieben hat. Sollten Sie einen Absender nicht bedacht haben, so nutzen Sie heute die Gelegenheit, einen Silvestergruß loszuschicken.

28

Hermann, Otto

Woodrow Wilson, *1856-1924, amerik. Politiker*

»Weihnachten heißt: die Tränen trocknen; das, was du hast, mit den anderen zu teilen. Jedes Mal, wenn die Not eines Unglücklichen gemildert ist, wird Weihnachten.« Weihnachtslied aus Haiti

»Raufrost auf der Flur
milder Witt'rung Spur.«

Dezember

29

Thomas, David, Lothar, Reginbert

»Wie sich die Witterung vom Christtag
bis Heiligedreikönig hält,
so ist's das ganze Jahr bestellt.«

Nach altem Volksglauben sollen die zwölf Tage zwischen Weihnachten und Dreikönig das Wetter für die Monate des kommenden Jahres bestimmen. Wie der erste Tag wird der Monat März sein, wie der zweite der April und so weiter.

30

Felix I., Germar, Richard

Theodor Fontane, *1819-1898, dt. Dichter*
William Forsythe, **1949, amerik. Choreograf*

»Gaben, wer hätte sie nicht, Talente, Spielzeug für Kinder! Erst der Ernst macht den Mann, erst der Fleiß das Genie.« Theodor Fontane

»Im Dezember Schnee und Frost,
das verheißt viel Korn und Most.«

Dezember

31

Silvester, Kolumba, Melanie

S I L V E S T E R T A G

Henri Matisse, *1869-1954, frz. Maler*

»Aller Anfang ist leicht, und die letzten Stufen werden am seltensten erstiegen.« Johann Wolfgang von Goethe

»Silvesterwind und warme Sonn'
wirft jede Hoffnung in den Bronn'.«

Die Geschichte des Kalenders

Lange bevor die Menschen den Kalender kannten, waren die Zyklen des Mondes maßgeblich für den Jahreslauf.

Sonne und Mond, ihr Auf- und Untergang – also mit anderen Worten die Wirkung des Weltalls auf die Erde – haben von jeher die Menschen aller Kulturen zu Mythen angeregt. Besonders der Mond war in alten Zeiten der Stoff, aus dem die meisten Legenden gesponnen wurden, und teilweise hielt man diesen Himmelskörper sogar für eine Gottheit selbst. Bereits die Menschen in der Urzeit entdeckten den erstaunlich harmonischen Rhythmus am Himmel und ritzten ihre Beobachtungen über Voll- und Neumond bereits 40.000 Jahre vor Christus in Steine und Knochen. Die Jäger und Sammler wurden allmählich sesshaft und versuchten, ihre Beobachtungen zu systematisieren und Abhängigkeiten herzustellen, um sie Gewinn bringend für Ackerbau und Viehzucht einzusetzen.

Religiöse Einflüsse

Schon in alter Zeit wurde das Jahr mit seinen Unterteilungen in Monate, Wochen und Tage nicht als etwas Profanes erlebt, sondern immer mit religiösen Vorstellungen verbunden. Bei uns waren es die altheidnischen Planetengötter, die in geheimnisvoll-überirdischem Lauf die irdischen Zeiten bestimmten. Sie gaben den Wochentagen – bis heute – ihre Namen und beherrschten als »Jahresregenten« in siebenjährigem Zyklus die Welt des Menschen. Diese Sichtweise lebt noch heute in manchem volkstümlichen Kalender fort – und erstaunlicherweise gerade in christlich orientierten. Der siebte Tag einer Mondphase galt als heilig; man durfte die Göttin bei ihrem Übergang in eine neue Phase nicht durch Arbeit stören. Den Juden galt die Woche als etwas Gott-Gegebenes, der

»Siebente Tag« war der dem Jahwe-Gott geweihte Tag. Ähnlich war im Christentum der erste Wochentag der »Tag des Herrn«. Das gesamte jahreszeitlich bedingte Brauchtum, das teilweise heute noch ausgeübt wird, ist seinem Ursprung nach religiöser Natur; sei es, dass es in seiner heutigen Gestalt aus vorchristlicher Zeit stammt, sei es, dass es später mit neuem, christlichem Sinn überlagert wurde, wie etwa das Weihnachtsfest. Im Mittelalter waren die Heiligenfeste untrennbar mit den Kalendertagen verknüpft, und zwischen einem bürgerlichen und einem kirchlichen Jahr zu unterscheiden ist erst Ende des 16. Jahrhunderts üblich geworden.

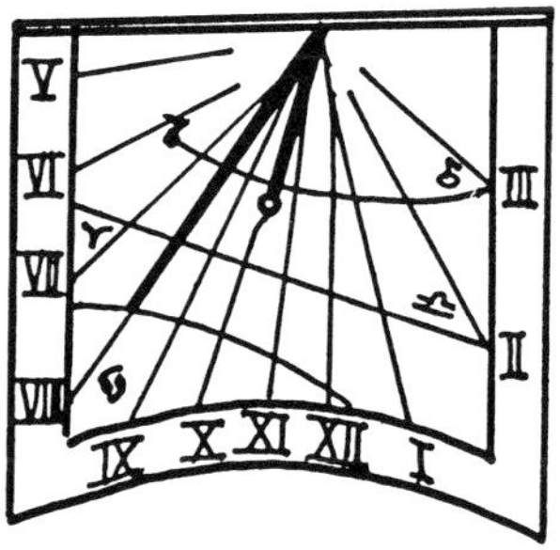

Der bürgerliche Kalender

Ein Mondjahr kann frei oder gebunden sein. Ein freies begründet sich ausschließlich auf den Lauf des Mondes. Ein gebundenes ist hingegen mit dem Sonnenjahr verknüpft.

Umgekehrt wäre unser Kalender in seiner heutigen Gestalt ohne eine religiös-christliche Absicht, nämlich die Reform der Osterfestrechnung unter Papst Gregor XIII. im Jahre 1582, nicht verständlich.
Das Wort »Kalender« ist dem lateinischen »calendae« entlehnt und bedeutet »erster Monatstag« (von griechisch kaleín = ausrufen). Die Monate wurden damals nach dem Mondumlauf gezählt, und der »Neumond«, das heißt das erste Erscheinen der schmalen Mondsichel am Abendhimmel, wurde beobachtet und als Monatserster öffentlich bekannt gemacht, also ausgerufen.
Das bürgerliche (tropische) Jahr hat nach heutiger Kenntnis 365,242199 Tage = 365 Tage, 5 Stunden, 48 Minuten und 46 Sekunden. Es ist durch zwei aufeinander folgende Durchgänge der Sonne durch den Frühlingspunkt festgelegt. Alle Kulturvölker bemühten sich schon in frühester Zeit, das Jahr in leichter überschaubare, kleinere

Je nach Wahl des Anfangs- und Endpunktes in der Erdbahn werden verschiedene Jahre unterschieden: tropisches, siderisches, anomalistisches und platonisches, Mondjahr und Sonnenjahr.

Zeiteinheiten einzuteilen, wobei eine grobe Annäherung an den Mondlauf besonders geeignet schien. Ein synodischer Mondumlauf von Neumond zu Neumond dauert im Mittel 29,530588 Tage = 29 Tage, zwölf Stunden, 44 Minuten und drei Sekunden. Zwölf Mondumläufe ergeben so etwa 354,36 Tage, also knapp elf Tage weniger als ein Sonnenjahr hat. Da weder das Jahr noch ein mittlerer Mondumlauf in einer ganzen Zahl von Tagen ausgedrückt werden können, wurden in allen Kulturen verschiedene Systeme von Schalttagen und Schaltmonaten entwickelt.

Der ägyptische Sonnenkalender

Julius Cäsar korrigierte im Jahre 46 v. Chr. den Irrtum des bis dahin geltenden römischen Kalenders, der unter Einschub eines dreizehnten Monats auf 354 Tage gekommen war, durch eine Abgleichung mit dem ägyptischen Nilkalender. Durch diese Übernahme aus dem sonnenverwöhnten Ägypten haben wir heute selbst im kalten Europa einen Sonnenkalender. Die Ägypter richteten ihren Kalender nach dem Steigen und Fallen ihres heiligen Nils und kamen auf zwölf Monate mit je 30 Tagen. Die fünf fehlenden Tage wurden einfach nach den zwölf Monaten angehängt, und so kam man auf unser heutiges »Normaljahr« mit 365 Tagen.

Nach dem Julianischen Kalender begann das Jahr mit dem ersten Januar und hatte durch die Stellung Roms für die halbe Welt fast eineinhalb Jahrtausende Gültigkeit. Die leichten Ungenauigkeiten dieses Kalenders hatten sich aber nach seiner langen Geltungsdauer zu einem Zeit-Soll von zehn Tagen aufsummiert.

Die Kalenderreform von 1582

Papst Gregor XIII. wollte 1582 diesem Tagesschwund Abhilfe schaffen und den Kalender den Tatsachen angleichen. Die Crux war, dass durch das Konzil von Nicäa im Jahre 325 der Frühlingsbeginn auf den 21. März festgelegt worden war, der Frühlingsbeginn aber mittlerweile um zehn Tage, auf den 11. März, vorgerückt war – Papst Gregor stand also unter dem dringenden Zwang zu handeln.

Hätte er sich nicht um eine Angleichung des tatsächlichen und kalendarischen Frühlingsbeginns bemüht, so hätten wir es irgendwann erlebt, dass Ostern und Weihnachten – nicht nur sprichwörtlich, sondern in Wirklichkeit – auf einen Tag gefallen wären. Um die liturgischen und jahreszeitlichen Gegebenheiten zu wahren, ließ er die christliche Welt nun wissen, dass auf den 4. Oktober 1582 sofort der 15. Oktober folge. Um ähnliche Ruditäten künftig zu vermeiden, führte er für alle vier Jahre ein Schaltjahr ein, das 366 Tage haben sollte.

Da der Kalender früher nicht ganz genau war, wurde im Februar ein Schalttag eingeführt.

Ein Schaltjahr fällt aus, wenn ein Jahrhundert vollendet ist, außer die neue Jahreszahl ist durch 400 teilbar. Somit ist das Jahr 2000 ein echtes Schaltjahr, das Jahr 1900 war keines. Papst Gregor rechnete so genau, dass unsere Nachfahren erst in tausend Jahren eine Korrektur von einem Tag durchführen müssen.

Wissenswertes über unsere Zeitrechnung

Die Namen der Wochentage

Der Zuordnung der Wochentage zu bestimmten Planeten und deren Eigenschaften hatte Einfluss auf die Verhaltensweise. So sollte man am Dienstag, dem Tag des Kriegsgottes Mars, jeglichen Streit vermeiden.

Die Siebentagewoche wurde ursprünglich in den Ländern des alten Ostens eingeführt und ist religiös-astrologischen Ursprungs. Sie ist abgeleitet aus dem Viertel des Mondmonats (ca. 29 Tage), also aus dem zeitlichen Abstand zweier aufeinander folgender Phasen der vier Mondphasen eines Monats. Ein zweiter Zusammenhang wird mit den sieben zu jener Zeit bekannten »Planeten« oder »Wandelsternen«, nämlich Sonne, Mond, Merkur, Venus, Mars, Jupiter und Saturn, vermutet. Danach wurde jedem der Wandelsterne, die auch verschiedene Götter repräsentierten, ein Wochentag gewidmet. Man nahm an, dass jeder Tag die spezifischen Eigenschaften seines Planeten besitzt. In diesem Zusammenhang steht vermutlich auch der Kult um die Zahl Sieben.

SONNTAG

Den an einem Sonntag geborenen Menschen sagt der Volksmund nach, dass sie vieles erkennen können, das anderen verborgen bleibt.

Bei den Römern war er der »dies solis«, der Tag der Sonne. Die Germanen übernahmen dies in der Lehnübersetzung: althochdeutsch »sunun tac« (engl. sunday). Im christlichen, romanischen Raum setzte sich im vierten Jahrhundert die Bezeichnung »dies domenica« (»Tag des Herrn«) durch, was man am italienischen »domenica«, am spanischen »domingo« und am französischen »dimanche« noch gut erkennen kann.

Der Sonntag gilt als ein ausgesprochen glücklicher Tag, an dem nach alter Tradition gerne geheiratet wird. Sonntagskinder werden landläufig als Glückskinder bezeichnet. Wer aber am goldenen Sonntag, dem Sonntag nach Pfingsten das Licht der Welt erblickt, soll ganz besonders vom Glück gefördert werden.

MONTAG

Die Römer nannten ihn »dies lunae« (Tag des Mondes), was man ebenfalls in den romanischen Sprachen noch gut erkennen kann (ital. lunedì, franz. lundi). Die Germanen entlehnten auch diesen Tag: althochdeutsch »mantac« (engl. monday).
Nach altem Volksglauben war der Montag bestimmend für den glücklichen oder unglücklichen Verlauf der ganzen Woche. Wie der Montag, so wurde der Rest der Woche.

DIENSTAG

Dieser Tag war bei den Römern dem Kriegsgott Mars gewidmet und hieß »dies martius« (Tag des Mars) und in den romanischen Sprachen später »martedì« (ital.), »mardi« (franz.). Die Germanen ersetzten Mars durch ihren eigenen Kriegsgott Thing und nannten ihn »thingstac« (engl. tuesday).

MITTWOCH

Er war der römische »dies mercurii« (Tag des Merkur) und ist im französischen »mercredi« und im italienischen »mercoledì« erhalten. Weil den römischen Händlern der Handelsgott Merkur besonders wichtig zu sein schien – wie man in Germanien schnell bemerkte –, ersetzten die Germanen Merkur durch ihren höchsten Gott Wotan und nannten ihn »wodanstac« (engl. wednesday). Im Deutschen konnte sich im zehnten Jahrhundert im Rahmen einer massiven Missionierung und Verdrängung alles Heidnischen der neutrale mittelhochdeutsche Name »mittewoche« durchsetzen.

An einem Mittwoch sollte niemand etwas Wichtiges unternehmen oder etwas Dauerhaftes beginnen. Denn der Überlieferung nach hat Judas an einem Mittwoch Christus verraten.

DONNERSTAG

Die Römer nannten ihn »dies jovis« (Tag des Jupiter), was sich wiederum in der Romania zum italienischen »giovedì« und zum französischen »jeudi« weiterentwickelt hat. Die Germanen widmeten diesen Tag ihrem Wettergott Donar, dem nordischen Thor, und nannten ihn »donares tac« (engl. thursday). Bei Blitz und Donner scheiterten die Missionare weithin. Nur im Altbayerischen konnten sie die Bewohner zu der neutralen Bezeichnung »Pfinztag« (von griech. penté = der fünfte) für den fünften Wochentag bewegen. Früher war der Donnerstag ein Gerichts- und Feiertag, ein ausgesprochener Gesellschaftstag, an dem sich jeder besonders herausputzte. Daher rührt der bekannte Ausdruck »aufgedonnert«.

FREITAG

In Rom hieß dieser Tag »dies veneris« (Tag der Venus). Diese Bezeichnung findet sich heute noch fast lautgleich im italienischen »venerdì« und im französischen »vendredi«. Die Germanen wählten dafür ihre Göttin Freia (frija) aus, die als Gattin Wotans die Beschützerin der Fruchtbarkeit und des häuslichen Lebens war, und nannten diesen Tag »friatac« oder »frijetac«.
Wegen des ähnlichen Klangs zum Norddeutschen »freien« wurde dieser Tag zu einem beliebten Hochzeitstag. Die lautliche Ähnlichkeit zum deutschen »frei« machte den Freitag zu einem beliebten Glückstag. Im Süddeutschen dagegen galt und gilt er wohl eher als Unglückstag (Freitag, der 13.!), was sich allerdings von der christlichen Karfreitagstrauer ableitet.

Er war der römische »dies saturnis« (Tag des Saturn), was sich hier interessanterweise im englischen »saturday« erhalten hat. Im Süden und Südwesten Europas setzte sich bald das hebräische und latinisierte »sabbatum« zum italienischen »sabato« und spanischen »sabado« durch. Vom Balkan her kam die griechisch geprägte Form »sambaton« des hebräischen Sabbats nach Mitteleuropa.
Noch in der Merowingerzeit wanderte das Wort donauauf- und rheinabwärts und wurde zum althochdeutschen »sambaztac« und somit zum deutschen »Samstag« und zum französischen »samedi«. Im Norden und Osten erhielt sich dagegen bis heute das althochdeutsche »sunnun abent« als Sonnabend.

Im Volksmund heißt es: Am Samstag soll die Sonne scheinen, wenigstens am Mittag für drei Minuten, weil die Mutter Gottes die Windeln ihres Kindes trocknen will.

Wie viele Tage hat die Woche?

Zwar weiß jeder, dass die Woche sieben Tage hat, doch wird oft von acht Tagen gesprochen: beispielsweise »Wir treffen uns in acht Tagen!« oder »Er besuchte mich vor acht Tagen.« Dies rührt von der Tatsache her, dass unsere Ahnen früher in Nächten rechneten. Wenn Sie von Sonntagabend an zählen, kommen Sie nämlich auf insgesamt acht Tage: sieben Nächte und ein Tag. Zwei unserer Kalendertage enthalten übrigens die Bezeichnung Nacht: Weihnachten und Fastnacht.

Die Namen der Monate

Die weniger bekannten Monatsnamen wie beispielsweise »Einwärts« für September rührten von bestimmten Tätigkeiten oder Zuständen her, die den jeweiligen Monat ausmachten. Im September stand schließlich der Winter vor der Tür.

Die Monatsnamen unseres heutigen Kalenders verdanken wir den Römern. Den Jahresanfang feierte man im römischen Reich vor der Julianischen Kalenderreform nicht im Winter, sondern im Frühling, am 25. März. Das wiederum erklärt, warum z. B. der September als siebter Monat gezählt und benannt wurde.

In altdeutscher Zeit versuchte Karl der Große (742-814), deutsche Monatsnamen einzuführen. Er hatte damit allerdings nur kurzfristigen Erfolg, und die deutschen Bezeichnungen verschwanden bald wieder aus dem Volksbewusstsein.

Die nachfolgende Übersicht liefert einen Überblick über die Monatsnamen und deren genaue Herkunft.

Heutige Bezeichnung	Herkunft des Monatsnamens	Altdeutsche bzw. tlw. germanische Bezeichnung
Januar	Lat. ianuaris, nach Janus, dem Gott der Eingangstüren, des Morgens und des Neubeginns	Schneemond Wintermond Eismond Hartung Hartmonat Lassmonat
Februar	Lat. februaris, nach den februa, den Tagen des Reinigungsopfers am Jahresende	Hornung Horn
März	Lat. martius, nach dem römischen Kriegsgott Mars	Lenzmond Saatmond

Heutige Bezeichnung	Herkunft des Monatsnamens	Altdeutsche bzw. tlw. germanische Bezeichnung
April	Lat. aprilis, von aperire (lat. öffnen), dem Öffnen der Frühjahrsblüten	Ostermond Eiermond Laubmond
Mai	Lat. majus, röm. Gott des Wachstums	Wonnemond Dreimelcher
Juni	Lat. junius, nach der röm. Himmelsgöttin Juno, der Gattin Jupiters	Brachmond Rosenmond Auswärtsmond Der andere Mai
Juli	Lat. julius, nach Gaius Julius Cäsar	Heumond Erntemond
August	Lat. augustus, nach Cäsars Adoptivsohn und Nachfolger Octavianus Augustus	Erntemond Ernting Sommermond
September	Lat. septembris, von lat. septem für sieben	Herbstmond Scheidung Einwärts
Oktober	Lat. octobris, von lat. octem für acht	Weinmond Gibhard
November	Lat. novembris, von lat. novem für neun	Nebelmond Jagdmond Nebeling Wintermond Laubreiß
Dezember	Lat. decembris, von lat. decem für zehn	Christmond Julmond

Die alten deutschen Monatsnamen erklären sich meist von selbst wie Erntemond für Erntemonat, Weinmond für die Zeit der Weinlese usw.

Bin ich ein Sonntagskind?

Obwohl es auf den ersten Blick kompliziert scheinen mag, mit dem richtigen Handwerkszeug lässt sich ein bestimmter Tag errechnen.

Auch wenn viele Menschen durch Erzählungen ihrer Mütter wissen, an welchem Wochentag sie geboren sind, so gibt es dennoch einige, die die Erinnerung ihrer Mutter ersetzen müssen oder überprüfen möchten. Die Hoffnung, vielleicht doch ein Sonntagskind zu sein, der Triumph darüber, dass Sie Ihren Partner – entgegen seiner felsenfesten Behauptung – doch an einem Mittwoch kennen gelernt haben, oder einfach das Interesse dafür, historische Ereignisse in den Wochenverlauf einordnen zu können, all dies sind Gründe genug, Ihnen das rechnerische Handwerkszeug hierzu bereitzustellen.

Die Berechnung eines Wochentages für jedes beliebige Datum der Geschichte

Die Grundlage für eine solche Berechnung ist die Umsetzung des Gregorianischen Datums unserer Zeitrechnung in die Tageszahlen des Julianischen Kalenders. Hierzu muss die Jahreszahl des zu berechnenden Datums zerlegt werden (also 1966=1900+60+6; 1978=1900+60+18, usw.). Dabei ist zu beachten, dass das Jahr in Tabelle D am 1. März beginnt und am 29. Februar endet (um die Schaltjahrproblematik zu umgehen). Für Sie ist daher wichtig, dass alle zu berechnenden Daten im Zeitraum vom 1. Jan. bis zum 29. Feb. mit den entsprechenden Ziffern des Vorjahres berechnet werden! (Also dem 20.1.1973, wird der 20.1.1972 zugrunde gelegt.)
Um auf den richtigen Wochentag eines bestimmten Datums zu kommen, ist es nötig, alle hinter den Jahreszahlen (vom Jahr 0 bis zum Jahr 2400) der Tabellen A bis C stehenden Ziffern sowie die des dazugehörigen Monatstages (Tabelle D) zu addieren und dann durch 7 zu tei-

len. Das numerische Ergebnis ist für Sie völlig uninteressant; entscheidend ist der verbleibende Rest der Division, der Ihnen in Tabelle E Auskunft darüber gibt, auf welchen Wochentag das Datum fiel. Exerzieren wir das Ganze an einem Beispiel durch:

BEISPIEL

Was für ein Wochentag war der 24. Dezember 1950?

1. Schritt: Auflisten der Tabellen

Tabelle A:	1900	=	2415080
Tabelle B:	40	=	14610
Tabelle C:	10	=	3652
Tabelle D:	24.12	=	298

2. Schritt: Addition

Summe: 24.12.1950 = 2433640

3. Schritt: Division

```
2433640 : 7 = 347662
21
 33
 28
  53
  49
   46
   42
    44
    42
     20
     14
Rest  6
```

Ein Taschenrechner nützt Ihnen bei der Division wenig, denn mit einer Kommazahl können Sie in diesem Falle nichts anfangen.

4. Schritt: Restbestimmung nach Tabelle E

Rest 6 = Sonntag. Der 24. Dezember 1950 war ein Sonntag.

TABELLE A

Vergessen Sie nicht, für alle Daten zwischen dem 1. Januar und dem 29. Februar das Vorjahr zu nehmen.

Gregorianisches Jahr	Julianische Tageszahl	Gregorianisches Jahr	Julianische Tageszahl
0	1721118	1300	2195943
100	1757643	1400	2232468
200	1794168	1500	2268993
300	1830693	1600	2305508
400	1867218	1700	2342032
500	1903743	1800	2378556
600	1940268	1900	2415080
700	1976793	2000	2451605
800	2013318	2100	2488129
900	2049843	2200	2524653
1000	2086368	2300	2561177
1100	2122893	2400	2597702
1200	2159418		

TABELLE B

00	0		
20	7305	40	14610
60	21915	80	29220

Die letzten beiden Ziffern der Jahreszahl sind aus Tabelle B und C zusammengesetzt: z. B. ist 35 = 20 + 15, 99 = 80 + 19, 13 = 00 + 13.

TABELLE C

1	365	2	730
3	1095	4	1461
5	1826	6	2191
7	2556	8	2922
9	3287	10	3652
11	4017	12	4383
13	4748	14	5113
15	5478	16	5844
17	6209	18	6574
19	6939		

TABELLE E

Rest 0 entspricht dem Wochentag Montag
Rest 1 entspricht dem Wochentag Dienstag
Rest 2 entspricht dem Wochentag Mittwoch
Rest 3 entspricht dem Wochentag Donnerstag
Rest 4 entspricht dem Wochentag Freitag
Rest 5 entspricht dem Wochentag Samstag
Rest 6 entspricht dem Wochentag Sonntag

TABELLE D

Beispiel: Der 1. April hat den Wert 31, der 22. Juni den Wert 113.

Tag	März	April	Mai	Juni	Juli	August
1	0	31	61	92	122	153
2	1	32	62	93	123	154
3	2	33	63	94	124	155
4	3	34	64	95	125	156
5	4	35	65	96	126	157
6	5	36	66	97	127	158
7	6	37	67	98	128	159
8	7	38	68	99	129	160
9	8	39	69	100	130	161
10	9	40	70	101	131	162
11	10	41	71	102	132	163
12	11	42	72	103	133	164
13	12	43	73	104	134	165
14	13	44	74	105	135	166
15	14	45	75	106	136	167
16	15	46	76	107	137	168
17	16	47	77	108	138	169
18	17	48	78	109	139	170
19	18	49	79	110	140	171
20	19	50	80	111	141	172
21	20	51	81	112	142	173
22	21	52	82	113	143	174
23	22	53	83	114	144	175
24	23	54	84	115	145	176
25	24	55	85	116	146	177
26	25	56	86	117	147	178
27	26	57	87	118	148	179
28	27	58	88	119	149	180
29	28	59	89	120	150	181
30	29	60	90	121	151	182
31	30		91		152	183

Tag	Sept.	Okt.	Nov.	Dez.	Jan.	Feb.
1	184	214	245	275	306	337
2	185	215	246	276	307	338
3	186	216	247	277	308	339
4	187	217	248	278	309	340
5	188	218	249	279	310	341
6	189	219	250	280	311	342
7	190	220	251	281	312	343
8	191	221	252	282	313	344
9	192	222	253	283	314	345
10	193	223	254	284	315	346
11	194	224	255	285	316	347
12	195	225	256	286	317	348
13	196	226	257	287	318	349
14	197	227	258	288	319	350
15	198	228	259	289	320	351
16	199	229	260	290	321	352
17	200	230	261	291	322	353
18	201	231	262	292	323	354
19	202	232	263	293	324	355
20	203	233	264	294	325	356
21	204	234	265	295	326	357
22	205	235	266	296	327	358
23	206	236	267	297	328	359
24	207	237	268	298	329	360
25	208	238	269	299	330	361
26	209	239	270	300	331	362
27	210	240	271	301	332	363
28	211	241	272	302	333	364
29	212	242	273	303	334	365
30	213	243	274	304	335	
31		244		305	336	

Die ermittelten Zahlenwerte aus den Tabellen A, B, C und D müssen addiert werden.

Das Osterdatum als Schlüssel zum immer währenden Kalender

Sollte Ihnen ihr diesjähriger Kalender für Ihre langfristigen Planungen nicht ausreichen, so wird Ihnen hier die Möglichkeit gegeben, die beweglichen, also nicht an ein festes Datum gebundenen Feste für Vergangenheit und Zukunft ohne große Umstände selbst zu errechnen.
Mögen manchem solche weiten Vorausplanungen auch übertrieben erscheinen, so sind sie aus zwei Gründen doch unverzichtbar. Zum einen sind sie unabdingbarer Bestandteil eines Kalenders, der mit seinem Titel den Anspruch »immer während gültig« erhebt; zum anderen sollte man die Zahl derer nicht unterschätzen, die – sei es beruflich (Kongress-, Konzert- und Personalplanung) oder privat (Buchung von Großereignissen, Hotels und Lokalen zu runden Geburtstagen und Jubiläen) – einen solchen langen Planungszeitraum benötigen.

Die beweglichen Feste

Nur die Berechnung des Osterdatums ist ein etwas schwierigeres Unterfangen. Die folgenden Seiten zeigen, wie es geht.

Glücklicherweise berechnen sich die gängigen Festtage, deren Übereinstimmung mit den gesetzlichen Feiertagen in einzelnen Bundesländern, Kantonen und Regierungsbezirken hier ausdrücklich nicht berücksichtigt wurde, nach relativ einfachen Regeln.

ASCHERMITTWOCH
40 Tage vor Gründonnerstag

PALMSONNTAG
Sechster Fastensonntag, eine Woche vor Ostern

WEISSER SONNTAG
Erster Sonntag nach Ostern

M U T T E R T A G
Zweiter Sonntag im Mai

C H R I S T I   H I M M E L F A H R T
Donnerstag nach dem sechsten Sonntag nach Ostern

P F I N G S T E N
50 Tage nach Ostern

Statt Pfingsten sagt man auch »Pentekoste«; das kommt aus dem Griechischen und heißt 50. Tag nach Ostern.

F R O N L E I C H N A M
Donnerstag nach dem Dreifaltigkeitsfest
(das ist der Sonntag nach Pfingsten)

H E R Z - J E S U - F E S T
Freitag nach dem zweiten Sonntag nach Pfingsten

E R N T E D A N K F E S T
Erster Sonntag im Oktober

T O T E N S O N N T A G
E W I G K E I T S S O N N T A G
C H R I S T K Ö N I G F E S T
Letzter Sonntag im Jahreskreis, also der Sonntag vor dem ersten Advent

Die kalendarische Dominanz des Osterfestes ist Ihnen natürlich aufgefallen und verweist auf die zentrale Bedeutung der Auferstehung Jesu für unseren Kulturkreis.
Die Berechnung des Osterdatums gilt es daher eingehender zu betrachten. Das ist zugegebenermaßen nicht ganz einfach, aber um so lohnender, da Sie damit den Schlüssel für die westliche, christlich geprägte Kalenderplanung in Händen halten.

Die Berechnung des Osterdatums

Zunächst ist zu betonen, dass es sich beim Osterfest auch im kalendarischen Sinne unstrittig um ein historisches Datum handelt. Anders als z. B. das Weihnachtsdatum, das heidnischen Ursprungs ist und lediglich eine inhaltliche Überlagerung erfuhr – Theologen und Historiker sind sich heute weitgehend einig, dass Jesus im April oder Mai des Jahres 7 v. Chr. geboren wurde –, lässt sich der Ostertermin für das Jahr 30 genau bestimmen. Die Juden feierten zur Zeit Jesu Passah am 14. Nisan oder, nach heutigem Sprachgebrauch, am Tag des ersten Frühlingsvollmondes. Die Kreuzigung Jesu geschah an einem 13. Nisan, der zudem auf einen Freitag fiel. Die Auferstehung Jesu ereignete sich zwei Tage danach, also an einem ersten Wochentag (Sonntag). Die heutige kalendarische Dominanz des Ostertermins scheint also aufgrund der seltenen Übereinstimmung von Glaubens- und Geschichtsfaktoren durchaus nachvollziehbar.

Der Nisan ist der siebte Monat im jüdischen Kalender. Passah erinnert an den Auszug der Israeliten aus Ägypten.

Innerhalb der Glaubensgemeinschaften brachen allerdings sehr früh Streitigkeiten darüber aus, ob nun das historische Datum oder das jüdische Passah entscheidend sein sollten. Erst das Konzil von Nicäa im Jahre 325 n. Chr. schuf einen – sicherlich diskutierbaren – Kompromiss zwischen dem Mondumlauf, den jüdischen Wurzeln des Christentums und den konkreten Wochentagen Freitag und Sonntag und bestimmte für die Osterfeier den Sonntag nach dem ersten Frühlingsvollmond.

Theologen, Astronomen, Kaiser, Päpste und Mathematiker haben nun über Jahrhunderte immer wieder Annäherungen und Berechnungen ersonnen, um den nicht ganz elliptischen Mondumlauf mit religiösen, praktischen und kalendarischen Beweggründen in Einklang zu bringen.

Die Gauß'sche Osterformel

Der Astronom und Mathematiker Carl Friedrich Gauß (1777-1855) stellte genau nach den kirchlichen Vorschriften eine für die Praxis bequeme Formel auf, nach der jedermann leicht das Osterdatum selbst berechnen kann.
Hierzu müssen aus der Jahreszahl zunächst gewisse Hilfszahlen entsprechend den folgenden Formeln ermittelt werden.

$$a = \text{Rest von } \frac{\text{Jahreszahl}}{19}$$

$$b = \text{Rest von } \frac{\text{Jahreszahl}}{4}$$

$$c = \text{Rest von } \frac{\text{Jahreszahl}}{7}$$

$$d = \text{Rest von } \frac{19 \times a + M}{30}$$

$$e = \text{Rest von } \frac{2 \times b + 4 \times c + 6 \times d + N}{7}$$

Dann fällt Ostern auf den (d + e + 22)ten März oder (d + e - 9)ten April.

Mithilfe der Beispielrechnung auf Seite 221 wird es Ihnen leichter fallen, diese Formeln zu verstehen.

Für die Variablen M und N sind die folgenden Zahlen aus der Tabelle einzusetzten:

Jahreszahl	M	N
1583-1599	22	2
1600-1699	22	2
1700-1799	23	3
1800-1899	23	4
1900-1999	24	5
2000-2099	24	5
2100-2199	24	6
2200-2299	25	0
2300-2399	26	1
2400-2499	25	1

Bevor wir nun zu einem klärenden Rechenbeispiel kommen, muss ich Sie leider noch vorab mit einer Ausnahme quälen: Ostern bewegt sich – bedingt durch seine Abhängigkeit vom ersten Frühlingsvollmond – immer nur innerhalb des Zeitraumes vom 22. März bis zum 25. April. Hat Ihre Rechnung den 26. April zum Ergebnis, so ist dafür immer der 19. April einzusetzten (z. B. 1981, 2076). Außerdem wird der 25. April immer dann durch den 18. April ersetzt, wenn a größer als 10 und d = 28 ist (z. B. für die Jahre 1954 oder 2049).
Um Ihnen die weitere Rechnerei zu ersparen, habe ich Ihnen im Anschluss an das Beispiel eine Tabelle zusammengestellt. Sie zeigt die 35 möglichen Osterdaten, aus denen sich die 35 möglichen Kirchenjahre und die entsprechenden Feiertage ergeben.

Auf welchen Tag fiel Ostern im Jahr 1835?

Berechnung von a

1835 : 19 = 96
171
125
114
11 Rest
a = 11

Berechnung von b

1835 : 4 = 458
16
23
20
35
32
3 Rest
b = 3

Berechnung von c

1835 : 7 = 262
14
43
42
15
14
1 Rest
c = 1

Berechnung von d

$$\frac{19 \times 11 + 23}{30} = 232 : 30 = 7$$

210
22 Rest
d = 22

Berechnung von e

$$\frac{2 \times 3 + 4 \times 1 + 6 \times 22 + 4}{7} = 146 : 7 = 20$$

140
6
6 Rest
e = 6

Antwort: Ostern 1835 fiel auf den (22+6-9)ten April = 19. April

Übersicht der 35 möglichen Kirchenjahre

Das Osterdatum muss für jedes Jahr neu berechnet werden. Aus diesem Termin lässt sich dann das Datum vieler weiterer Feiertage ableiten.

Ostersonntag	Aschermittwoch (in Klammer für Schaltjahre)	Christi Himmelfahrt
22.03.	04.(05.)02.	30.04.
23.03.	05.(06.)02.	01.05.
24.03.	06.(07.)02.	02.05.
25.03.	07.(08.)02.	03.05.
26.03.	08.(09.)02.	04.05.
27.03.	09.(10.)02.	05.05.
28.03.	10.(11.)02.	06.05.
29.03.	11.(12.)02.	07.05.
30.03.	12.(13.)02.	08.05.
31.03.	13.(14.)02.	09.05.
01.04.	14.(15.)02.	10.05.
02.04.	15.(16.)02.	11.05.
03.04.	16.(17.)02.	12.05.
04.04.	17.(18.)02.	13.05.
05.04.	18.(19.)02.	14.05.
06.04.	19.(20.)02.	15.05.
07.04.	20.(21.)02.	16.05.
08.04.	21.(22.)02.	17.05.
09.04.	22.(23.)02.	18.05.
10.04.	23.(24.)02.	19.05.
11.04.	24.(25.)02.	20.05.
12.04.	25.(26.)02.	21.05.
13.04.	26.(27.)02.	22.05.
14.04.	27.(28.)02.	23.05.
15.04.	28.(29.)02.	24.05.
16.04.	01.03.	25.05.
17.04.	02.03.	26.05.
18.04.	03.03.	27.05.
19.04.	04.03.	28.05.
20.04.	05.03.	29.05.
21.04.	06.03.	30.05.
22.04.	07.03.	31.05.
23.04.	08.03.	01.06.
24.04.	09.03.	02.06.
25.04.	10.03.	03.06.

Pfingstsonntag	Fronleichnam	Erster Advent
10.05.	21.05.	29.11.
11.05.	22.05.	30.11.
12.05.	23.05.	01.12.
13.05.	24.05.	02.12.
14.05.	25.05.	03.12.
15.05.	26.05.	27.11.
16.05.	27.05.	28.11.
17.05.	28.05.	29.11.
18.05.	29.05.	30.11.
19.05.	30.05.	01.12.
20.05.	31.05.	02.12.
21.05.	01.06.	03.12.
22.05.	02.06.	27.11.
23.05.	03.06.	28.11.
24.05.	04.06.	29.11.
25.05.	05.06.	30.11.
26.05.	06.06.	01.12.
27.05.	07.06.	02.12.
28.05.	08.06.	03.12.
29.05.	09.06.	27.11.
30.05.	10.06.	28.11.
31.05.	11.06.	29.11.
01.06.	12.06.	30.11.
02.06.	13.06.	01.12.
03.06.	14.06.	02.12.
04.06.	15.06.	03.12.
05.06.	16.06.	27.11.
06.06.	17.06.	28.11.
07.06.	18.06.	29.11.
08.06.	19.06.	30.11.
09.06.	20.06.	01.12.
10.06.	21.06.	02.12.
11.06.	22.06.	03.12.
12.06.	23.06.	27.11.
13.06.	24.06.	28.11.

Der erste Advent ist immer der vierte Sonntag vor Weihnachten.

Der Mondkalender

Etwa 500 v. Chr. konnten die Astrologen die Stellungen des Mondes, der Sonne und der ihnen bekannten Planeten vorherberechnen.

Auch wenn heute in unseren Breiten das Jahr nach dem Sonnenkalender eingeteilt wird, so ist der Mond immer noch der faszinierendste Himmelskörper am Nachthimmel. Die Gleichmäßigkeit, mit der er seine Bahn zieht, und die Regelmäßigkeit, mit der er sein Erscheinungsbild verändert, ließen ihn ideal erscheinen, um den Ablauf der Zeit zu bestimmen. Diese Jahrtausende alte Praxis hat sich in manchen Kulturen, wie z. B. in der jüdischen und islamischen, bis heute gehalten. Ein letzter Rest der einstigen Einteilung zeigt sich in unserem Kulturkreis in der Bestimmung des Osterfestdatums: Es erhält seinen wechselnden Termin entsprechend dem ersten Frühlingsvollmond und dem darauf folgenden Sonntag.

Der Mond verkörpert die Gegenpole Licht und Dunkelheit und war stets ein Symbol für den Rhythmus des Werdens und Vergehens.

Der Mond hat zu allen Zeiten die Fantasie der Menschen angeregt und wurde in allen Kulturen verehrt und von Dichtern besungen. Häufig wurden und werden Zusammenhänge zwischen den Mondzyklen und dem Geschehen auf der Erde hergestellt; das heißt, der Mond ist in seiner Bedeutung von jeher weit über die Funktion eines reinen Zeitmessers hinausgegangen.

Leben nach dem Mond

In frühen Kulturstufen entdeckten die Menschen bereits in vielen Lebensbereichen Wechselwirkungen zwischen Mond und Natur. Wetter, Pflanzenwachstum, die Fruchtbarkeit von Mensch und Tier, Gesundheit und Krankheit scheinen in vielerlei Hinsicht mit dem zyklischen Kommen und Gehen des Mondes in Verbindung zu stehen. Dass der Mond in allen Völkern und Kulturepochen zur weiblichen Gottheit (der Mond als männliches Substantiv ist weltweit eine Besonderheit der deutschen Sprache)

der Fruchtbarkeit wurde, ist daher verständlich. Ob Frau Luna, Athene, Isis, Hekate, Selene oder Levanah, in all diesen Gottheiten huldigte man dem Einfluss der Natur auf die Existenzgrundlagen der frühen Zivilisationsformen.
Zwar ist unser heutiges Leben – zumindest gilt dies für den überwiegenden Teil der Bevölkerung – zunehmend vom Wetter unabhängig und losgelöst von der Landwirtschaft, doch das uralte Wissen um den Einfluss des Mondes ist dennoch erhalten geblieben. Weil das Mondwissen heute frei von religiösen und mystischen Überlagerungen ist, können wir den natürlichen Einfluss des Mondes unabhängig von jeglichen dogmatischen Anschauungen nutzen.

Mondimpulse

Astronomie, und vor ihr die Astrologie, haben unser heutiges Mondwissen ungeheuer bereichert. Die Erkenntnis, dass der Mond bei seinem Erdumlauf in 28 Tagen die zwölf Sternbilder ebenso durchwandert wie dies die Sonne innerhalb eines Jahres tut, gab Aufschluss über die verschiedenen Impulse, die – wenn auch in schwächerer Form als die Sonnenimpulse – vom Mond ausgehen.
Manches lässt sich verhältnismäßig einfach mit physikalischen und biologischen Gesetzmäßigkeiten erklären, wie etwa die Mondwirkung auf den weiblichen Zyklus und den Gezeitenwechsel. Den Einfluss der Mondphasen und der Mondstellungen innerhalb der Tierkreiszeichen auf den menschlichen Organismus oder auch auf das Pflanzenwachstum kann man dagegen nur schwerlich mit naturwissenschaftlichen Erklärungen erfassen. Umso faszinierender ist gerade dieser Einfluss, und immer mehr Menschen machen sich das alte Wissen zu Nutzen.

Ebbe und Flut entstehen durch die Anziehungskräfte des Mondes auf das Wasser. Die Stärke der Gezeiten ist abhängig von der Entfernung des Mondes zur Erde und von der Konstellation des Mondes in Bezug auf die Sonne.

Der Mond in den Tierkreiszeichen

Damit auch Sie dieses Wissen gegebenenfalls nutzen können, bietet dieses Kapitel eine kleine Auswahl an Ratschlägen und Tipps zur persönlichen, positiven Weiterverwertung.

Doch vorher wird noch einmal gerechnet. Wir geben Ihnen eine brauchbare Methode an die Hand, mit deren Hilfe Sie den Stand des Mondes in den Tierkreiszeichen für jedes beliebige Datum zwischen 1902 und 2005 berechnen können. Damit sind Sie in der Lage, ihr Mondzeichen, also das Sternzeichen, dass zum Zeitpunkt ihres Geburtstages im Mond stand, zu ermitteln.

Bei seiner Wanderung durch den Tierkreis verbleibt der Mond zwei bis drei Tage in jedem Tierkreiszeichen.

Und so funktioniert es: Entnehmen Sie aus der Tabelle A die Jahresziffer, aus Tabelle B die Monatsziffer, und zählen Sie die beiden Ziffern zusammen. Addieren Sie nun das Tagesdatum (z. B. drei für den 3. Januar oder 3. August). Wenn sich das gesuchte Datum in einem Schaltjahr befindet (siehe Seite 203), dann muss die Ziffer Eins addiert werden. Ist die erhaltene Summe kleiner oder gleich 27, können Sie direkt in Tabelle C das gesuchte Tierkreiszeichen ablesen. Wenn die Summe größer ist, müssen Sie vom erhaltenen Wert entweder 27, 55 oder 82 abziehen, sodass das Ergebnis zwischen 0 und 27 liegt.

TABELLE A

Jahr	Jahres-ziffer	Jahr	Jahres-ziffer	Jahr	Jahres-ziffer
1902	13	1937	10	1972	7
1903	22	1938	20	1973	17
1904	4	1939	2	1974	26
1905	16	1940	12	1975	10
1906	26	1941	23	1976	20
1907	8	1942	5	1977	3
1908	17	1943	14	1978	12
1909	1	1944	25	1979	23
1910	11	1945	9	1980	5
1911	20	1946	18	1981	16
1912	3	1947	0	1982	25
1913	14	1948	11	1983	8
1914	24	1949	22	1984	18
1915	6	1950	4	1985	1
1916	16	1951	13	1986	11
1917	0	1952	24	1987	21
1918	10	1953	7	1988	4
1919	19	1954	17	1989	14
1920	1	1955	26	1990	24
1921	13	1956	10	1991	7
1922	23	1957	20	1992	17
1923	5	1958	2	1993	27
1924	14	1959	12	1994	9
1925	26	1960	23	1995	20
1926	8	1961	6	1996	2
1927	17	1962	15	1997	12
1928	0	1963	25	1998	22
1929	12	1964	8	1999	5
1930	21	1965	19	2000	15
1931	3	1966	1	2001	25
1932	13	1967	11	2002	8
1933	25	1968	21	2003	18
1934	7	1969	4	2004	26
1935	16	1970	13	2005	11
1936	26	1971	24		

Die Jahresziffer (Tabelle A) muss mit der Monatsziffer (Tabelle B) und dem Tagesdatum addiert werden.

TABELLE B

Monat	Monatsziffer	Monat	Monatsziffer
Januar	0	Juli	17
Februar	4	August	21
März	4	September	24
April	8	Oktober	27
Mai	11	November	3
Juni	14	Dezember	6

TABELLE C

Die errechneten Zahlen zwischen 0 und 27 sind in dieser Tabelle den zwölf Tierkreiszeichen zugeordnet.

Tierkreiszeichen	Endziffer	Tierkreiszeichen	Endziffer
Widder	0, 1, 27	Waage	14, 15
Stier	2, 3, 4	Skorpion	16, 17
Zwillinge	5, 6	Schütze	18, 19
Krebs	7, 8	Steinbock	20, 21, 22
Löwe	9, 10	Wassermann	23, 24
Jungfrau	11, 12, 13	Fische	25, 26

BEISPIEL

Lassen Sie uns ein Beispiel berechnen: Sie sind am 29. Juli 1966 geboren und wollen wissen, in welchem Tierkreiszeichen der Mond an diesem Tag stand.

Jahresziffer 1 + Monatsziffer 17 + Tagesdatum 29 = 47
47 - 27 (da 47 größer als 27 ist) = 20 (siehe Tabelle C)

Ergebnis: das Tierkreiszeichen Steinbock.

Mondtipps rund um die sieben Mondimpulse

Zwei Mondzyklen sind zu unterscheiden. Einmal der Zeitraum, in dem der Mond die Erde vollständig umrundet: der »siderische« Mondzyklus, die Sterne betreffend. Der Mond braucht 27,3 Tage, um alle Tierkreiszeichen zu durchwandern. Betrachtet man seinen Lauf im Verhältnis zur Sonne, steigt der Mond in der ersten Hälfte seiner Umlaufbahn nach oben, in der zweiten Hälfte nach unten. Der »synodische« Mondzyklus beinhaltet hingegen den Umlauf des Mondes: vom Neumond über Vollmond bis zum Neumond. Diese Mondphasen dauern 29,5 Tage und sind für uns sichtbar. Das regelmäßige Zu- und Abnehmen des Mondes steht symbolisch für den Lebenslauf. Der Kreislauf beginnt mit dem Neumond, der wächst, bis der Vollmond den Höhepunkt erreicht hat. Gleichzeitig kennzeichnet dieser Punkt den Beginn des Schwindens bis zum Erlöschen.

»Wem der Mond scheint, der fragt nicht nach den Sternen.«
SPRICHWORT

Wie Sie die Mondphasen unterscheiden

Es gibt zwei einfache Möglichkeiten, sich zu merken, ob der Mond zunimmt oder abnimmt. Einmal können Sie von der Mondsichel ausgehen: Ist sie nach links geöffnet, nimmt der Mond zu. Bei abnehmendem Mond ist die Sichel nach rechts geöffnet. Die andere Variante: Ist die der Erde zugewandte rechte Seite des Mondes beleuchtet, nimmt der Mond zu. Ist die linke Seite beleuchtet, nimmt er ab.

Die Beobachtung der Mondphasen spielte im bäuerlichen Leben immer eine große Rolle.

Früher war der Mond mit seinen regelmäßigen Phasen der Kalender für die Landwirtschaft. Der Wechsel der Jahreszeiten, Wetterbeobachtungen und Prognosen war enorm wichtig für den richtigen Zeitpunkt der Aussaat und Ernte. Im Haus- oder Bauernkalender waren die Mondphasen stets genau verzeichnet. Nach altem Volksglauben war sogar von Bedeutung, in welchem Tierkreiszeichen der Mond sich gerade aufhielt. So heißt es in einer Bauernregel:

»Donnert's, wenn im November der Mond
im Schützen ist,
so gerät das Getreide am Gebirge wohl,
aber im Tal nimmt es Schaden.«

Für kurz- und langfristige Wetterprognosen orientierte man sich stets an den Mondphasen. So soll das Wetter vom Tage des letzten Viertels bis Neumond ins entgegengesetzte übergehen. Vom Neumond bis zum ersten Viertel bleibt das Wetter dann bis Vollmond erhalten. Zudem haben sich eine ganze Anzahl Bauernregeln zur Witterung erhalten, die sich auf die Phasen des Mondes beziehen. Um nur zwei Beispiele zu nennen:

»Gewitter in der Vollmondzeit
verkünden Regen weit und breit.«

»Neumond mit Wind
ist zu Regen und Schnee gesinnt.«

Aber nicht nur in der Landwirtschaft richtete man sich nach dem Mond. So soll es sich bei abnehmendem Mond leichter putzen und waschen lassen. Dagegen sind bestimmte medizinische Behandlungen besonders bei zunehmendem Mond wirkungsvoll. Während seines Kreisens um die Erde durchläuft der Mond unterschiedliche Phasen und Zyklen, die ihn beeinflussen. Im Prinzip muss die Stellung des Mondes im astronomischen Gesamtzusammenhang gesehen werden. Als Anhaltspunkt lässt sich die Wirkung des Mondes auf die Natur und damit auch auf den Menschen aber vereinfacht auf sieben Impulse beschränken:

1 Der aufsteigende Mond

Die ersten beiden Mondqualitäten sind vor allem für die Pflanzenwelt von Bedeutung, können aber auch dazu dienen, den Zeitpunkt für eine Gesundheitsmaßnahme zu optimieren. Der Mond durchschreitet in der ersten Jahreshälfte von der Wintersonnenwende (22.12.) bis zur Sommersonnenwende (21.6.) die Tierkreiszeichen von Schütze bis Zwilling. In dieser Zeit spricht man von einem aufsteigenden Mond. Diese Phase wird in der Mondliteratur gerne als die »Phase des Ausatmens der Erde« bezeichnet, und Wachstum und Ausdehnung sind in ihr bestimmend, ähnlich der Entwicklung bei zunehmendem Mond (siehe 4).

Der aufsteigende Mond heißt auch Erntemond, der absteigende Pflanzmond – entsprechend seiner Wirkung auf die Natur.

2 Der absteigende Mond

In dieser Phase durchwandert der absteigende Mond die Tierkreiszeichen von Zwilling bis Schütze. Sie wird als die »Phase des Einatmens der Erde« interpretiert. Reife und Ernte sind bestimmt durch die Kräfte des Mondes, und Ruhe prägt die Natur. Diese Phase ist daher besonders für Pflanz- und Steckarbeiten, für das Zurückschneiden von Gehölzen und Zweigen geeignet. Wenn der

Pflanzensaft zurück in die Wurzeln fließt, tritt beim Schneiden weniger Saft aus.

3 Der Neumond

Neumond bedeutet den Wechsel vom Abnehmen zum Zunehmen, vom Ausatmen zum Einatmen.

In dieser ersten Mondphase steht der Mond fast genau zwischen Sonne und Erde, und die der Erde zugewandte Seite ist fast völlig dunkel. Kräfte des Neubeginns und der Umorientierung, durch die Impulse des Neumonds freigesetzt, sind zahlreich vorhanden. Der Körper ist in dieser Zeit besonders empfänglich für Entschlackung, Entgiftung und Fasten. Auch um schlechte Gewohnheiten, wie Rauchen und Alkoholkonsum in den Griff zu bekommen, ist die Neumondphase viel versprechend. Von Operationen sollte man – falls medizinisch nicht dringend erforderlich(!) – in der Neumondzeit absehen.

4 Der zunehmende Mond

In der Phase des zunehmenden Mondes steht alles im Zeichen der Aufnahme, der Zunahme, des Einatmens und des Wachsens. In der Natur steigen die Pflanzensäfte nach oben, das Wachstum über der Erde wird begünstigt. Es ist die beste Zeit für Blatt-, Blüten- und Fruchtpflanzen. Je mehr der Mond sich rundet, desto besser gedeihen Fruchtpflanzen. Energien werden aufgenommen und gespeichert. Sie sollten daher Ihrem Körper in dieser Zeit Heilendes und Kräftigendes zuführen. Von der Haarpackung bis zum Bienenhonig und von der Vitaminkur bis zu Eisenpräparaten, für all diese Dinge steht der Mond jetzt günstig. Auch die Selbstheilungskraft ist besonders hoch. Die Bereitschaft zu entspannen, sich zu erholen, Kraft zu tanken, ist äußerst groß. Leute mit

Gewichtsproblemen sollten jetzt allerdings besonders vorsichtig und zurückhaltend mit der Nahrungsaufnahme sein, der Körper »saugt«.

5 Der Vollmond

Der Mond steht jetzt der Sonne direkt gegenüber und leuchtet als kreisrunde Scheibe am Himmel. Diese Phase ist geprägt von starken Gefühlen, seien es positive oder negative. Hohe Geburtenzahlen, aber auch Unfälle und Gewaltverbrechen in dieser Phase sind keine Seltenheit. Der Richtungswechsel von Zu- und Abnahme ist von einer ganz besonderen Stimmung begleitet. Maximale Aufnahmefähigkeit und Vollendung kennzeichnen diese Zeit. Pflanzendüngung, aber auch Einkochen und Konservieren sind jetzt besonders günstig. Heilkräuter besitzen ihr Maximum an Heilkräften. Der menschliche Organismus reagiert auf diese Mondkräfte oft mit Nervosität und innerer Unruhe; Schlafwandeln und intensive Träume sind nun keine Seltenheit. Nutzen Sie jetzt die Möglichkeit, seelische Konflikte zu erkennen. Auch verstärkte Abenteuerlust und aktive Umtriebigkeit sind zu verzeichnen. Verletzungen heilen jetzt schlecht und bluten länger; versuchen Sie daher möglichst auf chirurgische Eingriffe zu verzichten. Gicht- und Rheumaanfälle sowie Migräne sind in der Vollmondphase ebenfalls häufiger als sonst.

Der Vollmond charakterisiert den Übergang vom Zunehmen zum Abnehmen, vom Einatmen zum Ausatmen.

6 Der abnehmende Mond

Der Mond nähert sich bei der Vollendung seines Erdumlaufs wieder der Erde. In dieser Phase sind seine Impulse von Abgabe gekennzeichnet. Das Ausatmen der Erde, die

Bei abnehmendem Mond kann der Komposthaufen angelegt werden. Es ist ein guter Zeitpunkt für die Bodenbearbeitung.

Freisetzung von Kräften und Energien dominiert jetzt und befreit von negativen Gefühlen, Ängsten und Zweifeln. Düngung und Bewässerung von Pflanzen kann empfohlen werden, da der Erdboden für die Aufnahme von Nährstoffen und Feuchtigkeit bereit ist. Das Wachstum unter der Erde ist begünstigt, und das Pflanzen und Säen – besonders von Kräutern und Wurzelgemüsen – ist jetzt angesagt. Dem Menschen sind in dieser Zeit geistige und körperliche Höchstleistungen möglich, da der Organismus in Bestform ist. Der abnehmende Mond ist für Entgiftung und Entschlackung sowie für die Wundheilung durchweg günstig.

7 Der monatliche Stand des Mondes in den Tierkreiszeichen

Bereits die Babylonier hatten den Weg des Mondes durch die Tierkreiszeichen beschrieben. Allerdings bestand es aus 15 Sternbildern, elf davon sind die heute bekannten mit Ausnahme des Widders.
Später haben die Astrologen den Himmel in zwölf gleiche Segmente unterteilt, jedem einzelnen wurde ein Tierkreiszeichen zugeteilt. Schließlich ordnete man die zwölf Tierkreiszeichen in vier Gruppen nach den vier Elementen Erde, Wasser, Luft und Feuer, den so genannten Trigonen, ein.
Diese vier Elementegruppen geben bestimmte Grundmuster in verschiedenen Lebens- und Naturbereichen an. Jedes Element wird mit zwei der folgenden Eigenschaften beschrieben: kalt, warm, trocken und feucht. Sowohl menschliche Charaktere als auch Naturtemperamente werden von den Urelementen beeinflusst, die der Mond gerade durchläuft.

Neben der Zuordnung der Temperamente werden den Elementen bestimmte Pflanzenteile zugeordnet: die Wurzeln der Erde, die Blätter dem Wasser, die Blüten der Luft und die Früchte dem Feuer. So können Wurzel-, Blatt-, Blüten- und Fruchtpflanzen mit dem jeweiligen Element in Verbindung gebracht werden. Die folgende Tabelle zeigt Ihnen die wichtigsten Zuordnungen auf einen Blick. Sind die Eigenschaften eines Tierkreiszeichens nicht ausgeglichen, wird die Eigenschaft genannt, die überwiegt. Durch unterschiedliche Einflüsse können die Zeichen nicht völlig identische Eigenschaften besitzen.

Zuordnungen im Mondzyklus

Zeichen	Element	Eigenschaften	Pflanzenteil	Mondzyklus
Schütze	Feuer	Trocken und warm	Frucht	Ab- und aufsteigend
Steinbock	Erde	Trocken	Wurzel	Aufsteigend
Wassermann	Luft	Warm	Blüte	Aufsteigend
Fische	Wasser	Feucht und kalt	Blatt	Aufsteigend
Widder	Feuer	Trocken	Frucht	Aufsteigend
Stier	Erde	Kalt	Wurzel	Aufsteigend
Zwillinge	Luft	Warm	Blüte	Auf- und absteigend
Krebs	Wasser	Feucht	Blatt	Absteigend
Löwe	Feuer	Warm	Frucht	Absteigend
Jungfrau	Erde	Kalt und trocken	Wurzel	Absteigend
Waage	Luft	Feucht	Blüte	Absteigend
Skorpion	Wasser	Kalt	Blatt	Absteigend

Die jeweilige Zuordnung der Charaktere und Temperamente finden Sie auf den folgenden Seiten.

Die vier Elemente

Auf diesen beiden Seiten werden die Temperamente und Charaktere, die den vier Elementen zugeordnet werden, beschrieben. Die Stichpunkte sind als Anhaltspunkte gedacht, an denen Sie sich orientieren können.

ERDE

Jungfrau, Steinbock, Stier

»trocken« und »kalt«

Melancholisches, aber beständiges Temperament, starke und nachhaltige körperliche Reaktionen, Beharrlichkeit, Ruhe, Treue und Umsicht; aber auch übertriebene Ängstlichkeit und Sturheit

Jungfrautage Kontaktbedürfnis, Routinegelingen, mangelnde Kreativität

Steinbocktage Disziplin, Autorität, Tradition, Pessimismus

Stiertage Endgültige Beschlüsse, Entscheidungsfreude, ungünstig für Finanzielles

Pflanzen Knoblauch, Zwiebeln, Wurzelpetersilie, Kartoffeln, Karotten, Radieschen, Rettich, Sellerie, Rüben, Rote Beete, Schwarzwurzel

WASSER

Krebs, Fische, Skorpion

»feucht« und »kalt«

Langsame und schwache körperliche Reaktionen, starkes Einfühlungsvermögen, lebhafte Fantasie, Toleranz, Schwärmerei; aber auch Empfindlichkeit und Lebensangst

Krebstage Empfindsamkeit, Überempfindlichkeit

Fischetage Zurückgezogenheit, innere Ruhe, Unsicherheit

Skorpiontage Sensibilität, Empfindlichkeit, Verletzbarkeit, Misstrauen

Pflanzen Feldsalat, Endivien, Schikoree, Kopf- und Eisbergsalat, Fenchel, Mangold, Lauch, Spinat, Wirsing, Kohlrabi, Spargel, Rosen- und Blumenkohl, Rot- und Weißkohl, Blattkräuter

LUFT

Wassermann, Zwillinge, Waage

»warm« und »feucht«

Lebhaftes Temperament, rasche und lebhafte Körperreaktionen, gute Auffassungsgabe, Begeisterungsfähigkeit, aber auch Unruhe, Reizbarkeit und Unbeständigkeit

Wassermanntage Soziales Engagement, Rationalität, Ideenreichtum, enttäuschter Idealismus

Zwillingtage Familiensinn, Gedankenaustausch, Unentschlossenheit

Waagetage Kontaktbereitschaft, Freundschaft, Romanzen, Eifersucht

Pflanzen Brokkoli, Sommerblumen, Blütenstauden

FEUER

Widder, Löwe, Schütze

»warm« und »trocken«

Aufbrausendes Temperament, schnelle und spontane körperliche Reaktionen, Erkenntisfähigkeit, Energie und Handlungsfähigkeit, Mut und Unternehmungslust, aber auch Ungeduld, Heftigkeit und Übereifer

Widdertage Erhöhtes Kontaktbedürfnis, Energie, Strohfeuer

Löwetage Lebensfreude, Unterhaltung, Besitzansprüche

Schützetage Interessiertheit, Offenheit, Fernweh, Unruhe

Pflanzen Baum- und Strauchfrüchte, Getreide, Gurkengewächse, Hülsenfrüchte, Paprika, Tomaten

2000

JANUAR

Mo	Di	Mi	Do	Fr	Sa	So
					1	2
3	4	5	6	7	8	9
10	11	12	13	14	15	16
17	18	19	20	21	22	23
24	25	26	27	28	29	30
31						

FEBRUAR

Mo	Di	Mi	Do	Fr	Sa	So
	1	2	3	4	5	6
7	8	9	10	11	12	13
14	15	16	17	18	19	20
21	22	23	24	25	26	27
28	29					

MÄRZ

Mo	Di	Mi	Do	Fr	Sa	So
		1	2	3	4	5
6	7	8	9	10	11	12
13	14	15	16	17	18	19
20	21	22	23	24	25	26
27	28	29	30	31		

APRIL

Mo	Di	Mi	Do	Fr	Sa	So
					1	2
3	4	5	6	7	8	9
10	11	12	13	14	15	16
17	18	19	20	21	22	23
24	25	26	27	28	29	30

MAI

Mo	Di	Mi	Do	Fr	Sa	So
1	2	3	4	5	6	7
8	9	10	11	12	13	14
15	16	17	18	19	20	21
22	23	24	25	26	27	28
29	30	31				

JUNI

Mo	Di	Mi	Do	Fr	Sa	So
			1	2	3	4
5	6	7	8	9	10	11
12	13	14	15	16	17	18
19	20	21	22	23	24	25
26	27	28	29	30		

JULI

Mo	Di	Mi	Do	Fr	Sa	So
					1	2
3	4	5	6	7	8	9
10	11	12	13	14	15	16
17	18	19	20	21	22	23
24	25	26	27	28	29	30
31						

AUGUST

Mo	Di	Mi	Do	Fr	Sa	So
	1	2	3	4	5	6
7	8	9	10	11	12	13
14	15	16	17	18	19	20
21	22	23	24	25	26	27
28	29	30	31			

SEPTEMBER

Mo	Di	Mi	Do	Fr	Sa	So
				1	2	3
4	5	6	7	8	9	10
11	12	13	14	15	16	17
18	19	20	21	22	23	24
25	26	27	28	29	30	

OKTOBER

Mo	Di	Mi	Do	Fr	Sa	So
						1
2	3	4	5	6	7	8
9	10	11	12	13	14	15
16	17	18	19	20	21	22
23	24	25	26	27	28	29
30	31					

NOVEMBER

Mo	Di	Mi	Do	Fr	Sa	So
		1	2	3	4	5
6	7	8	9	10	11	12
13	14	15	16	17	18	19
20	21	22	23	24	25	26
27	28	29	30			

DEZEMBER

Mo	Di	Mi	Do	Fr	Sa	So
				1	2	3
4	5	6	7	8	9	10
11	12	13	14	15	16	17
18	19	20	21	22	23	24
25	26	27	28	29	30	31

2001

JANUAR

Mo	Di	Mi	Do	Fr	Sa	So
1	2	3	4	5	6	7
8	9	10	11	12	13	14
15	16	17	18	19	20	21
22	23	24	25	26	27	28
29	30	31				

FEBRUAR

Mo	Di	Mi	Do	Fr	Sa	So
			1	2	3	4
5	6	7	8	9	10	11
12	13	14	15	16	17	18
19	20	21	22	23	24	25
26	27	28				

MÄRZ

Mo	Di	Mi	Do	Fr	Sa	So
			1	2	3	4
5	6	7	8	9	10	11
12	13	14	15	16	17	18
19	20	21	22	23	24	25
26	27	28	29	30	31	

APRIL

Mo	Di	Mi	Do	Fr	Sa	So
						1
2	3	4	5	6	7	8
9	10	11	12	13	14	15
16	17	18	19	20	21	22
23	24	25	26	27	28	29
30						

MAI

Mo	Di	Mi	Do	Fr	Sa	So
	1	2	3	4	5	6
7	8	9	10	11	12	13
14	15	16	17	18	19	20
21	22	23	24	25	26	27
28	29	30	31			

JUNI

Mo	Di	Mi	Do	Fr	Sa	So
				1	2	3
4	5	6	7	8	9	10
11	12	13	14	15	16	17
18	19	20	21	22	23	24
25	26	27	28	29	30	

JULI

Mo	Di	Mi	Do	Fr	Sa	So
						1
2	3	4	5	6	7	8
9	10	11	12	13	14	15
16	17	18	19	20	21	22
23	24	25	26	27	28	29
30	31					

AUGUST

Mo	Di	Mi	Do	Fr	Sa	So
		1	2	3	4	5
6	7	8	9	10	11	12
13	14	15	16	17	18	19
20	21	22	23	24	25	26
27	28	29	30	31		

SEPTEMBER

Mo	Di	Mi	Do	Fr	Sa	So
					1	2
3	4	5	6	7	8	9
10	11	12	13	14	15	16
17	18	19	20	21	22	23
24	25	26	27	28	29	30

OKTOBER

Mo	Di	Mi	Do	Fr	Sa	So
1	2	3	4	5	6	7
8	9	10	11	12	13	14
15	16	17	18	19	20	21
22	23	24	25	26	27	28
29	30	31				

NOVEMBER

Mo	Di	Mi	Do	Fr	Sa	So
			1	2	3	4
5	6	7	8	9	10	11
12	13	14	15	16	17	18
19	20	21	22	23	24	25
26	27	28	29	30		

DEZEMBER

Mo	Di	Mi	Do	Fr	Sa	So
					1	2
3	4	5	6	7	8	9
10	11	12	13	14	15	16
17	18	19	20	21	22	23
24	25	26	27	28	29	30
31						

2002

JANUAR

Mo	Di	Mi	Do	Fr	Sa	So
	1	2	3	4	5	6
7	8	9	10	11	12	13
14	15	16	17	18	19	20
21	22	23	24	25	26	27
28	29	30	31			

FEBRUAR

Mo	Di	Mi	Do	Fr	Sa	So
				1	2	3
4	5	6	7	8	9	10
11	12	13	14	15	16	17
18	19	20	21	22	23	24
25	26	27	28			

MÄRZ

Mo	Di	Mi	Do	Fr	Sa	So
				1	2	3
4	5	6	7	8	9	10
11	12	13	14	15	16	17
18	19	20	21	22	23	24
25	26	27	28	29	30	31

APRIL

Mo	Di	Mi	Do	Fr	Sa	So
1	2	3	4	5	6	7
8	9	10	11	12	13	14
15	16	17	18	19	20	21
22	23	24	25	26	27	28
29	30					

MAI

Mo	Di	Mi	Do	Fr	Sa	So
		1	2	3	4	5
6	7	8	9	10	11	12
13	14	15	16	17	18	19
20	21	22	23	24	25	26
27	28	29	30	31		

JUNI

Mo	Di	Mi	Do	Fr	Sa	So
					1	2
3	4	5	6	7	8	9
10	11	12	13	14	15	16
17	18	19	20	21	22	23
24	25	26	27	28	29	30

JULI

Mo	Di	Mi	Do	Fr	Sa	So
1	2	3	4	5	6	7
8	9	10	11	12	13	14
15	16	17	18	19	20	21
22	23	24	25	26	27	28
29	30	31				

AUGUST

Mo	Di	Mi	Do	Fr	Sa	So
			1	2	3	4
5	6	7	8	9	10	11
12	13	14	15	16	17	18
19	20	21	22	23	24	25
26	27	28	29	30	31	

SEPTEMBER

Mo	Di	Mi	Do	Fr	Sa	So
						1
2	3	4	5	6	7	8
9	10	11	12	13	14	15
16	17	18	19	20	21	22
23	24	25	26	27	28	29
30						

OKTOBER

Mo	Di	Mi	Do	Fr	Sa	So
	1	2	3	4	5	6
7	8	9	10	11	12	13
14	15	16	17	18	19	20
21	22	23	24	25	26	27
28	29	30	31			

NOVEMBER

Mo	Di	Mi	Do	Fr	Sa	So
				1	2	3
4	5	6	7	8	9	10
11	12	13	14	15	16	17
18	19	20	21	22	23	24
25	26	27	28	29	30	

DEZEMBER

Mo	Di	Mi	Do	Fr	Sa	So
						1
2	3	4	5	6	7	8
9	10	11	12	13	14	15
16	17	18	19	20	21	22
23	24	25	26	27	28	29
30	31					

2003

JANUAR

Mo	Di	Mi	Do	Fr	Sa	So
		1	2	3	4	5
6	7	8	9	10	11	12
13	14	15	16	17	18	19
20	21	22	23	24	25	26
27	28	29	30	31		

FEBRUAR

Mo	Di	Mi	Do	Fr	Sa	So
					1	2
3	4	5	6	7	8	9
10	11	12	13	14	15	16
17	18	19	20	21	22	23
24	25	26	27	28		

MÄRZ

Mo	Di	Mi	Do	Fr	Sa	So
					1	2
3	4	5	6	7	8	9
10	11	12	13	14	15	16
17	18	19	20	21	22	23
24	25	26	27	28	29	30
31						

APRIL

Mo	Di	Mi	Do	Fr	Sa	So
	1	2	3	4	5	6
7	8	9	10	11	12	13
14	15	16	17	18	19	20
21	22	23	24	25	26	27
28	29	30				

MAI

Mo	Di	Mi	Do	Fr	Sa	So
			1	2	3	4
5	6	7	8	9	10	11
12	13	14	15	16	17	18
19	20	21	22	23	24	25
26	27	28	29	30	31	

JUNI

Mo	Di	Mi	Do	Fr	Sa	So
						1
2	3	4	5	6	7	8
9	10	11	12	13	14	15
16	17	18	19	20	21	22
23	24	25	26	27	28	29
30						

JULI

Mo	Di	Mi	Do	Fr	Sa	So
	1	2	3	4	5	6
7	8	9	10	11	12	13
14	15	16	17	18	19	20
21	22	23	24	25	26	27
28	29	30	31			

AUGUST

Mo	Di	Mi	Do	Fr	Sa	So
				1	2	3
4	5	6	7	8	9	10
11	12	13	14	15	16	17
18	19	20	21	22	23	24
25	26	27	28	29	30	31

SEPTEMBER

Mo	Di	Mi	Do	Fr	Sa	So
1	2	3	4	5	6	7
8	9	10	11	12	13	14
15	16	17	18	19	20	21
22	23	24	25	26	27	28
29	30					

OKTOBER

Mo	Di	Mi	Do	Fr	Sa	So
		1	2	3	4	5
6	7	8	9	10	11	12
13	14	15	16	17	18	19
20	21	22	23	24	25	26
27	28	29	30	31		

NOVEMBER

Mo	Di	Mi	Do	Fr	Sa	So
					1	2
3	4	5	6	7	8	9
10	11	12	13	14	15	16
17	18	19	20	21	22	23
24	25	26	27	28	29	30

DEZEMBER

Mo	Di	Mi	Do	Fr	Sa	So
1	2	3	4	5	6	7
8	9	10	11	12	13	14
15	16	17	18	19	20	21
22	23	24	25	26	27	28
29	30	31				

2004

JANUAR

Mo	Di	Mi	Do	Fr	Sa	So
			1	2	3	4
5	6	7	8	9	10	11
12	13	14	15	16	17	18
19	20	21	22	23	24	25
26	27	28	29	30	31	

FEBRUAR

Mo	Di	Mi	Do	Fr	Sa	So
						1
2	3	4	5	6	7	8
9	10	11	12	13	14	15
16	17	18	19	20	21	22
23	24	25	26	27	28	29

MÄRZ

Mo	Di	Mi	Do	Fr	Sa	So
1	2	3	4	5	6	7
8	9	10	11	12	13	14
15	16	17	18	19	20	21
22	23	24	25	26	27	28
29	30	31				

APRIL

Mo	Di	Mi	Do	Fr	Sa	So
			1	2	3	4
5	6	7	8	9	10	11
12	13	14	15	16	17	18
19	20	21	22	23	24	25
26	27	28	29	30		

MAI

Mo	Di	Mi	Do	Fr	Sa	So
					1	2
3	4	5	6	7	8	9
10	11	12	13	14	15	16
17	18	19	20	21	22	23
24	25	26	27	28	29	30
31						

JUNI

Mo	Di	Mi	Do	Fr	Sa	So
	1	2	3	4	5	6
7	8	9	10	11	12	13
14	15	16	17	18	19	20
21	22	23	24	25	26	27
28	29	30				

JULI

Mo	Di	Mi	Do	Fr	Sa	So
			1	2	3	4
5	6	7	8	9	10	11
12	13	14	15	16	17	18
19	20	21	22	23	24	25
26	27	28	29	30	31	

AUGUST

Mo	Di	Mi	Do	Fr	Sa	So
						1
2	3	4	5	6	7	8
9	10	11	12	13	14	15
16	17	18	19	20	21	22
23	24	25	26	27	28	29
30	31					

SEPTEMBER

Mo	Di	Mi	Do	Fr	Sa	So
		1	2	3	4	5
6	7	8	9	10	11	12
13	14	15	16	17	18	19
20	21	22	23	24	25	26
27	28	29	30			

OKTOBER

Mo	Di	Mi	Do	Fr	Sa	So
				1	2	3
4	5	6	7	8	9	10
11	12	13	14	15	16	17
18	19	20	21	22	23	24
25	26	27	28	29	30	31

NOVEMBER

Mo	Di	Mi	Do	Fr	Sa	So
1	2	3	4	5	6	7
8	9	10	11	12	13	14
15	16	17	18	19	20	21
22	23	24	25	26	27	28
29	30					

DEZEMBER

Mo	Di	Mi	Do	Fr	Sa	So
		1	2	3	4	5
6	7	8	9	10	11	12
13	14	15	16	17	18	19
20	21	22	23	24	25	26
27	28	29	30	31		

2005

JANUAR

Mo	Di	Mi	Do	Fr	Sa	So
					1	2
3	4	5	6	7	8	9
10	11	12	13	14	15	16
17	18	19	20	21	22	23
24	25	26	27	28	29	30
31						

FEBRUAR

Mo	Di	Mi	Do	Fr	Sa	So
	1	2	3	4	5	6
7	8	9	10	11	12	13
14	15	16	17	18	19	20
21	22	23	24	25	26	27
28						

MÄRZ

Mo	Di	Mi	Do	Fr	Sa	So
	1	2	3	4	5	6
7	8	9	10	11	12	13
14	15	16	17	18	19	20
21	22	23	24	25	26	27
28	29	30	31			

APRIL

Mo	Di	Mi	Do	Fr	Sa	So
				1	2	3
4	5	6	7	8	9	10
11	12	13	14	15	16	17
18	19	20	21	22	23	24
25	26	27	28	29	30	

MAI

Mo	Di	Mi	Do	Fr	Sa	So
						1
2	3	4	5	6	7	8
9	10	11	12	13	14	15
16	17	18	19	20	21	22
23	24	25	26	27	28	29
30	31					

JUNI

Mo	Di	Mi	Do	Fr	Sa	So
		1	2	3	4	5
6	7	8	9	10	11	12
13	14	15	16	17	18	19
20	21	22	23	24	25	26
27	28	29	30			

JULI

Mo	Di	Mi	Do	Fr	Sa	So
				1	2	3
4	5	6	7	8	9	10
11	12	13	14	15	16	17
18	19	20	21	22	23	24
25	26	27	28	29	30	31

AUGUST

Mo	Di	Mi	Do	Fr	Sa	So
1	2	3	4	5	6	7
8	9	10	11	12	13	14
15	16	17	18	19	20	21
22	23	24	25	26	27	28
29	30	31				

SEPTEMBER

Mo	Di	Mi	Do	Fr	Sa	So
			1	2	3	4
5	6	7	8	9	10	11
12	13	14	15	16	17	18
19	20	21	22	23	24	25
26	27	28	29	30		

OKTOBER

Mo	Di	Mi	Do	Fr	Sa	So
					1	2
3	4	5	6	7	8	9
10	11	12	13	14	15	16
17	18	19	20	21	22	23
24	25	26	27	28	29	30
31						

NOVEMBER

Mo	Di	Mi	Do	Fr	Sa	So
	1	2	3	4	5	6
7	8	9	10	11	12	13
14	15	16	17	18	19	20
21	22	23	24	25	26	27
28	29	30				

DEZEMBER

Mo	Di	Mi	Do	Fr	Sa	So
			1	2	3	4
5	6	7	8	9	10	11
12	13	14	15	16	17	18
19	20	21	22	23	24	25
26	27	28	29	30	31	

2006

JANUAR

Mo	Di	Mi	Do	Fr	Sa	So
						1
2	3	4	5	6	7	8
9	10	11	12	13	14	15
16	17	18	19	20	21	22
23	24	25	26	27	28	29
30	31					

FEBRUAR

Mo	Di	Mi	Do	Fr	Sa	So
		1	2	3	4	5
6	7	8	9	10	11	12
13	14	15	16	17	18	19
20	21	22	23	24	25	26
27	28					

MÄRZ

Mo	Di	Mi	Do	Fr	Sa	So
		1	2	3	4	5
6	7	8	9	10	11	12
13	14	15	16	17	18	19
20	21	22	23	24	25	26
27	28	29	30	31		

APRIL

Mo	Di	Mi	Do	Fr	Sa	So
					1	2
3	4	5	6	7	8	9
10	11	12	13	14	15	16
17	18	19	20	21	22	23
24	25	26	27	28	29	30

MAI

Mo	Di	Mi	Do	Fr	Sa	So
1	2	3	4	5	6	7
8	9	10	11	12	13	14
15	16	17	18	19	20	21
22	23	24	25	26	27	28
29	30	31				

JUNI

Mo	Di	Mi	Do	Fr	Sa	So
			1	2	3	4
5	6	7	8	9	10	11
12	13	14	15	16	17	18
19	20	21	22	23	24	25
26	27	28	29	30		

JULI

Mo	Di	Mi	Do	Fr	Sa	So
					1	2
3	4	5	6	7	8	9
10	11	12	13	14	15	16
17	18	19	20	21	22	23
24	25	26	27	28	29	30
31						

AUGUST

Mo	Di	Mi	Do	Fr	Sa	So
	1	2	3	4	5	6
7	8	9	10	11	12	13
14	15	16	17	18	19	20
21	22	23	24	25	26	27
28	29	30	31			

SEPTEMBER

Mo	Di	Mi	Do	Fr	Sa	So
				1	2	3
4	5	6	7	8	9	10
11	12	13	14	15	16	17
18	19	20	21	22	23	24
25	26	27	28	29	30	

OKTOBER

Mo	Di	Mi	Do	Fr	Sa	So
						1
2	3	4	5	6	7	8
9	10	11	12	13	14	15
16	17	18	19	20	21	22
23	24	25	26	27	28	29
30	31					

NOVEMBER

Mo	Di	Mi	Do	Fr	Sa	So
		1	2	3	4	5
6	7	8	9	10	11	12
13	14	15	16	17	18	19
20	21	22	23	24	25	26
27	28	29	30			

DEZEMBER

Mo	Di	Mi	Do	Fr	Sa	So
				1	2	3
4	5	6	7	8	9	10
11	12	13	14	15	16	17
18	19	20	21	22	23	24
25	26	27	28	29	30	31

2007

JANUAR

Mo	Di	Mi	Do	Fr	Sa	So
1	2	3	4	5	6	7
8	9	10	11	12	13	14
15	16	17	18	19	20	21
22	23	24	25	26	27	28
29	30	31				

FEBRUAR

Mo	Di	Mi	Do	Fr	Sa	So
			1	2	3	4
5	6	7	8	9	10	11
12	13	14	15	16	17	18
19	20	21	22	23	24	25
26	27	28				

MÄRZ

Mo	Di	Mi	Do	Fr	Sa	So
			1	2	3	4
5	6	7	8	9	10	11
12	13	14	15	16	17	18
19	20	21	22	23	24	25
26	27	28	29	30	31	

APRIL

Mo	Di	Mi	Do	Fr	Sa	So
						1
2	3	4	5	6	7	8
9	10	11	12	13	14	15
16	17	18	19	20	21	22
23	24	25	26	27	28	29
30						

MAI

Mo	Di	Mi	Do	Fr	Sa	So
	1	2	3	4	5	6
7	8	9	10	11	12	13
14	15	16	17	18	19	20
21	22	23	24	25	26	27
28	29	30	31			

JUNI

Mo	Di	Mi	Do	Fr	Sa	So
				1	2	3
4	5	6	7	8	9	10
11	12	13	14	15	16	17
18	19	20	21	22	23	24
25	26	27	28	29	30	

JULI

Mo	Di	Mi	Do	Fr	Sa	So
						1
2	3	4	5	6	7	8
9	10	11	12	13	14	15
16	17	18	19	20	21	22
23	24	25	26	27	28	29
30	31					

AUGUST

Mo	Di	Mi	Do	Fr	Sa	So
		1	2	3	4	5
6	7	8	9	10	11	12
13	14	15	16	17	18	19
20	21	22	23	24	25	26
27	28	29	30	31		

SEPTEMBER

Mo	Di	Mi	Do	Fr	Sa	So
					1	2
3	4	5	6	7	8	9
10	11	12	13	14	15	16
17	18	19	20	21	22	23
24	25	26	27	28	29	30

OKTOBER

Mo	Di	Mi	Do	Fr	Sa	So
1	2	3	4	5	6	7
8	9	10	11	12	13	14
15	16	17	18	19	20	21
22	23	24	25	26	27	28
29	30	31				

NOVEMBER

Mo	Di	Mi	Do	Fr	Sa	So
			1	2	3	4
5	6	7	8	9	10	11
12	13	14	15	16	17	18
19	20	21	22	23	24	25
26	27	28	29	30		

DEZEMBER

Mo	Di	Mi	Do	Fr	Sa	So
					1	2
3	4	5	6	7	8	9
10	11	12	13	14	15	16
17	18	19	20	21	22	23
24	25	26	27	28	29	30
31						

2008

JANUAR

Mo	Di	Mi	Do	Fr	Sa	So
	1	2	3	4	5	6
7	8	9	10	11	12	13
14	15	16	17	18	19	20
21	22	23	24	25	26	27
28	29	30	31			

FEBRUAR

Mo	Di	Mi	Do	Fr	Sa	So
				1	2	3
4	5	6	7	8	9	10
11	12	13	14	15	16	17
18	19	20	21	22	23	24
25	26	27	28	29		

MÄRZ

Mo	Di	Mi	Do	Fr	Sa	So
					1	2
3	4	5	6	7	8	9
10	11	12	13	14	15	16
17	18	19	20	21	22	23
24	25	26	27	28	29	30
31						

APRIL

Mo	Di	Mi	Do	Fr	Sa	So
	1	2	3	4	5	6
7	8	9	10	11	12	13
14	15	16	17	18	19	20
21	22	23	24	25	26	27
28	29	30				

MAI

Mo	Di	Mi	Do	Fr	Sa	So
			1	2	3	4
5	6	7	8	9	10	11
12	13	14	15	16	17	18
19	20	21	22	23	24	25
26	27	28	29	30	31	

JUNI

Mo	Di	Mi	Do	Fr	Sa	So
						1
2	3	4	5	6	7	8
9	10	11	12	13	14	15
16	17	18	19	20	21	22
23	24	25	26	27	28	29
30						

JULI

Mo	Di	Mi	Do	Fr	Sa	So
	1	2	3	4	5	6
7	8	9	10	11	12	13
14	15	16	17	18	19	20
21	22	23	24	25	26	27
28	29	30	31			

AUGUST

Mo	Di	Mi	Do	Fr	Sa	So
				1	2	3
4	5	6	7	8	9	10
11	12	13	14	15	16	17
18	19	20	21	22	23	24
25	26	27	28	29	30	31

SEPTEMBER

Mo	Di	Mi	Do	Fr	Sa	So
1	2	3	4	5	6	7
8	9	10	11	12	13	14
15	16	17	18	19	20	21
22	23	24	25	26	27	28
29	30					

OKTOBER

Mo	Di	Mi	Do	Fr	Sa	So
		1	2	3	4	5
6	7	8	9	10	11	12
13	14	15	16	17	18	19
20	21	22	23	24	25	26
27	28	29	30	31		

NOVEMBER

Mo	Di	Mi	Do	Fr	Sa	So
					1	2
3	4	5	6	7	8	9
10	11	12	13	14	15	16
17	18	19	20	21	22	23
24	25	26	27	28	29	30

DEZEMBER

Mo	Di	Mi	Do	Fr	Sa	So
1	2	3	4	5	6	7
8	9	10	11	12	13	14
15	16	17	18	19	20	21
22	23	24	25	26	27	28
29	30	31				

2009

JANUAR

Mo	Di	Mi	Do	Fr	Sa	So
			1	2	3	4
5	6	7	8	9	10	11
12	13	14	15	16	17	18
19	20	21	22	23	24	25
26	27	28	29	30	31	

FEBRUAR

Mo	Di	Mi	Do	Fr	Sa	So
						1
2	3	4	5	6	7	8
9	10	11	12	13	14	15
16	17	18	19	20	21	22
23	24	25	26	27	28	

MÄRZ

Mo	Di	Mi	Do	Fr	Sa	So
						1
2	3	4	5	6	7	8
9	10	11	12	13	14	15
16	17	18	19	20	21	22
23	24	25	26	27	28	29
30	31					

APRIL

Mo	Di	Mi	Do	Fr	Sa	So
		1	2	3	4	5
6	7	8	9	10	11	12
13	14	15	16	17	18	19
20	21	22	23	24	25	26
27	28	29	30			

MAI

Mo	Di	Mi	Do	Fr	Sa	So
				1	2	3
4	5	6	7	8	9	10
11	12	13	14	15	16	17
18	19	20	21	22	23	24
25	26	27	28	29	30	31

JUNI

Mo	Di	Mi	Do	Fr	Sa	So
1	2	3	4	5	6	7
8	9	10	11	12	13	14
15	16	17	18	19	20	21
22	23	24	25	26	27	28
29	30					

JULI

Mo	Di	Mi	Do	Fr	Sa	So
		1	2	3	4	5
6	7	8	9	10	11	12
13	14	15	16	17	18	19
20	21	22	23	24	25	26
27	28	29	30	31		

AUGUST

Mo	Di	Mi	Do	Fr	Sa	So
					1	2
3	4	5	6	7	8	9
10	11	12	13	14	15	16
17	18	19	20	21	22	23
24	25	26	27	28	29	30
31						

SEPTEMBER

Mo	Di	Mi	Do	Fr	Sa	So
	1	2	3	4	5	6
7	8	9	10	11	12	13
14	15	16	17	18	19	20
21	22	23	24	25	26	27
28	29	30				

OKTOBER

Mo	Di	Mi	Do	Fr	Sa	So
			1	2	3	4
5	6	7	8	9	10	11
12	13	14	15	16	17	18
19	20	21	22	23	24	25
26	27	28	29	30	31	

NOVEMBER

Mo	Di	Mi	Do	Fr	Sa	So
						1
2	3	4	5	6	7	8
9	10	11	12	13	14	15
16	17	18	19	20	21	22
23	24	25	26	27	28	29
30						

DEZEMBER

Mo	Di	Mi	Do	Fr	Sa	So
	1	2	3	4	5	6
7	8	9	10	11	12	13
14	15	16	17	18	19	20
21	22	23	24	25	26	27
28	29	30	31			

2010

JANUAR

Mo	Di	Mi	Do	Fr	Sa	So
				1	2	3
4	5	6	7	8	9	10
11	12	13	14	15	16	17
18	19	20	21	22	23	24
25	26	27	28	29	30	31

FEBRUAR

Mo	Di	Mi	Do	Fr	Sa	So
1	2	3	4	5	6	7
8	9	10	11	12	13	14
15	16	17	18	19	20	21
22	23	24	25	26	27	28

MÄRZ

Mo	Di	Mi	Do	Fr	Sa	So
1	2	3	4	5	6	7
8	9	10	11	12	13	14
15	16	17	18	19	20	21
22	23	24	25	26	27	28
29	30	31				

APRIL

Mo	Di	Mi	Do	Fr	Sa	So
			1	2	3	4
5	6	7	8	9	10	11
12	13	14	15	16	17	18
19	20	21	22	23	24	25
26	27	28	29	30		

MAI

Mo	Di	Mi	Do	Fr	Sa	So
					1	2
3	4	5	6	7	8	9
10	11	12	13	14	15	16
17	18	19	20	21	22	23
24	25	26	27	28	29	30
31						

JUNI

Mo	Di	Mi	Do	Fr	Sa	So
	1	2	3	4	5	6
7	8	9	10	11	12	13
14	15	16	17	18	19	20
21	22	23	24	25	26	27
28	29	30				

JULI

Mo	Di	Mi	Do	Fr	Sa	So
			1	2	3	4
5	6	7	8	9	10	11
12	13	14	15	16	17	18
19	20	21	22	23	24	25
26	27	28	29	30	31	

AUGUST

Mo	Di	Mi	Do	Fr	Sa	So
						1
2	3	4	5	6	7	8
9	10	11	12	13	14	15
16	17	18	19	20	21	22
23	24	25	26	27	28	29
30	31					

SEPTEMBER

Mo	Di	Mi	Do	Fr	Sa	So
		1	2	3	4	5
6	7	8	9	10	11	12
13	14	15	16	17	18	19
20	21	22	23	24	25	26
27	28	29	30			

OKTOBER

Mo	Di	Mi	Do	Fr	Sa	So
				1	2	3
4	5	6	7	8	9	10
11	12	13	14	15	16	17
18	19	20	21	22	23	24
25	26	27	28	29	30	31

NOVEMBER

Mo	Di	Mi	Do	Fr	Sa	So
1	2	3	4	5	6	7
8	9	10	11	12	13	14
15	16	17	18	19	20	21
22	23	24	25	26	27	28
29	30					

DEZEMBER

Mo	Di	Mi	Do	Fr	Sa	So
		1	2	3	4	5
6	7	8	9	10	11	12
13	14	15	16	17	18	19
20	21	22	23	24	25	26
27	28	29	30	31		

2011

JANUAR

Mo	Di	Mi	Do	Fr	Sa	So
					1	2
3	4	5	6	7	8	9
10	11	12	13	14	15	16
17	18	19	20	21	22	23
24	25	26	27	28	29	30
31						

FEBRUAR

Mo	Di	Mi	Do	Fr	Sa	So
	1	2	3	4	5	6
7	8	9	10	11	12	13
14	15	16	17	18	19	20
21	22	23	24	25	26	27
28						

MÄRZ

Mo	Di	Mi	Do	Fr	Sa	So
	1	2	3	4	5	6
7	8	9	10	11	12	13
14	15	16	17	18	19	20
21	22	23	24	25	26	27
28	29	30	31			

APRIL

Mo	Di	Mi	Do	Fr	Sa	So
				1	2	3
4	5	6	7	8	9	10
11	12	13	14	15	16	17
18	19	20	21	22	23	24
25	26	27	28	29	30	

MAI

Mo	Di	Mi	Do	Fr	Sa	So
						1
2	3	4	5	6	7	8
9	10	11	12	13	14	15
16	17	18	19	20	21	22
23	24	25	26	27	28	29
30	31					

JUNI

Mo	Di	Mi	Do	Fr	Sa	So
		1	2	3	4	5
6	7	8	9	10	11	12
13	14	15	16	17	18	19
20	21	22	23	24	25	26
27	28	29	30			

JULI

Mo	Di	Mi	Do	Fr	Sa	So
				1	2	3
4	5	6	7	8	9	10
11	12	13	14	15	16	17
18	19	20	21	22	23	24
25	26	27	28	29	30	31

AUGUST

Mo	Di	Mi	Do	Fr	Sa	So
1	2	3	4	5	6	7
8	9	10	11	12	13	14
15	16	17	18	19	20	21
22	23	24	25	26	27	28
29	30	31				

SEPTEMBER

Mo	Di	Mi	Do	Fr	Sa	So
			1	2	3	4
5	6	7	8	9	10	11
12	13	14	15	16	17	18
19	20	21	22	23	24	25
26	27	28	29	30		

OKTOBER

Mo	Di	Mi	Do	Fr	Sa	So
					1	2
3	4	5	6	7	8	9
10	11	12	13	14	15	16
17	18	19	20	21	22	23
24	25	26	27	28	29	30
31						

NOVEMBER

Mo	Di	Mi	Do	Fr	Sa	So
	1	2	3	4	5	6
7	8	9	10	11	12	13
14	15	16	17	18	19	20
21	22	23	24	25	26	27
28	29	30				

DEZEMBER

Mo	Di	Mi	Do	Fr	Sa	So
			1	2	3	4
5	6	7	8	9	10	11
12	13	14	15	16	17	18
19	20	21	22	23	24	25
26	27	28	29	30	31	

2012

JANUAR

Mo	Di	Mi	Do	Fr	Sa	So
						1
2	3	4	5	6	7	8
9	10	11	12	13	14	15
16	17	18	19	20	21	22
23	24	25	26	27	28	29
30	31					

FEBRUAR

Mo	Di	Mi	Do	Fr	Sa	So
		1	2	3	4	5
6	7	8	9	10	11	12
13	14	15	16	17	18	19
20	21	22	23	24	25	26
27	28	29				

MÄRZ

Mo	Di	Mi	Do	Fr	Sa	So
			1	2	3	4
5	6	7	8	9	10	11
12	13	14	15	16	17	18
19	20	21	22	23	24	25
26	27	28	29	30	31	

APRIL

Mo	Di	Mi	Do	Fr	Sa	So
						1
2	3	4	5	6	7	8
9	10	11	12	13	14	15
16	17	18	19	20	21	22
23	24	25	26	27	28	29
30						

MAI

Mo	Di	Mi	Do	Fr	Sa	So
	1	2	3	4	5	6
7	8	9	10	11	12	13
14	15	16	17	18	19	20
21	22	23	24	25	26	27
28	29	30	31			

JUNI

Mo	Di	Mi	Do	Fr	Sa	So
				1	2	3
4	5	6	7	8	9	10
11	12	13	14	15	16	17
18	19	20	21	22	23	24
25	26	27	28	29	30	

JULI

Mo	Di	Mi	Do	Fr	Sa	So
						1
2	3	4	5	6	7	8
9	10	11	12	13	14	15
16	17	18	19	20	21	22
23	24	25	26	27	28	29
30	31					

AUGUST

Mo	Di	Mi	Do	Fr	Sa	So
		1	2	3	4	5
6	7	8	9	10	11	12
13	14	15	16	17	18	19
20	21	22	23	24	25	26
27	28	29	30	31		

SEPTEMBER

Mo	Di	Mi	Do	Fr	Sa	So
					1	2
3	4	5	6	7	8	9
10	11	12	13	14	15	16
17	18	19	20	21	22	23
24	25	26	27	28	29	30

OKTOBER

Mo	Di	Mi	Do	Fr	Sa	So
1	2	3	4	5	6	7
8	9	10	11	12	13	14
15	16	17	18	19	20	21
22	23	24	25	26	27	28
29	30	31				

NOVEMBER

Mo	Di	Mi	Do	Fr	Sa	So
			1	2	3	4
5	6	7	8	9	10	11
12	13	14	15	16	17	18
19	20	21	22	23	24	25
26	27	28	29	30		

DEZEMBER

Mo	Di	Mi	Do	Fr	Sa	So
					1	2
3	4	5	6	7	8	9
10	11	12	13	14	15	16
17	18	19	20	21	22	23
24	25	26	27	28	29	30
31						

2013

JANUAR

Mo	Di	Mi	Do	Fr	Sa	So
	1	2	3	4	5	6
7	8	9	10	11	12	13
14	15	16	17	18	19	20
21	22	23	24	25	26	27
28	29	30	31			

FEBRUAR

Mo	Di	Mi	Do	Fr	Sa	So
				1	2	3
4	5	6	7	8	9	10
11	12	13	14	15	16	17
18	19	20	21	22	23	24
25	26	27	28			

MÄRZ

Mo	Di	Mi	Do	Fr	Sa	So
				1	2	3
4	5	6	7	8	9	10
11	12	13	14	15	16	17
18	19	20	21	22	23	24
25	26	27	28	29	30	31

APRIL

Mo	Di	Mi	Do	Fr	Sa	So
1	2	3	4	5	6	7
8	9	10	11	12	13	14
15	16	17	18	19	20	21
22	23	24	25	26	27	28
29	30					

MAI

Mo	Di	Mi	Do	Fr	Sa	So
		1	2	3	4	5
6	7	8	9	10	11	12
13	14	15	16	17	18	19
20	21	22	23	24	25	26
27	28	29	30	31		

JUNI

Mo	Di	Mi	Do	Fr	Sa	So
					1	2
3	4	5	6	7	8	9
10	11	12	13	14	15	16
17	18	19	20	21	22	23
24	25	26	27	28	29	30

JULI

Mo	Di	Mi	Do	Fr	Sa	So
1	2	3	4	5	6	7
8	9	10	11	12	13	14
15	16	17	18	19	20	21
22	23	24	25	26	27	28
29	30	31				

AUGUST

Mo	Di	Mi	Do	Fr	Sa	So
			1	2	3	4
5	6	7	8	9	10	11
12	13	14	15	16	17	18
19	20	21	22	23	24	25
26	27	28	29	30	31	

SEPTEMBER

Mo	Di	Mi	Do	Fr	Sa	So
						1
2	3	4	5	6	7	8
9	10	11	12	13	14	15
16	17	18	19	20	21	22
23	24	25	26	27	28	29
30						

OKTOBER

Mo	Di	Mi	Do	Fr	Sa	So
	1	2	3	4	5	6
7	8	9	10	11	12	13
14	15	16	17	18	19	20
21	22	23	24	25	26	27
28	29	30	31			

NOVEMBER

Mo	Di	Mi	Do	Fr	Sa	So
				1	2	3
4	5	6	7	8	9	10
11	12	13	14	15	16	17
18	19	20	21	22	23	24
25	26	27	28	29	30	

DEZEMBER

Mo	Di	Mi	Do	Fr	Sa	So
						1
2	3	4	5	6	7	8
9	10	11	12	13	14	15
16	17	18	19	20	21	22
23	24	25	26	27	28	29
30	31					

2014

JANUAR

Mo	Di	Mi	Do	Fr	Sa	So
		1	2	3	4	5
6	7	8	9	10	11	12
13	14	15	16	17	18	19
20	21	22	23	24	25	26
27	28	29	30	31		

FEBRUAR

Mo	Di	Mi	Do	Fr	Sa	So
					1	2
3	4	5	6	7	8	9
10	11	12	13	14	15	16
17	18	19	20	21	22	23
24	25	26	27	28		

MÄRZ

Mo	Di	Mi	Do	Fr	Sa	So
					1	2
3	4	5	6	7	8	9
10	11	12	13	14	15	16
17	18	19	20	21	22	23
24	25	26	27	28	29	30
31						

APRIL

Mo	Di	Mi	Do	Fr	Sa	So
	1	2	3	4	5	6
7	8	9	10	11	12	13
14	15	16	17	18	19	20
21	22	23	24	25	26	27
28	29	30				

MAI

Mo	Di	Mi	Do	Fr	Sa	So
			1	2	3	4
5	6	7	8	9	10	11
12	13	14	15	16	17	18
19	20	21	22	23	24	25
26	27	28	29	30	31	

JUNI

Mo	Di	Mi	Do	Fr	Sa	So
						1
2	3	4	5	6	7	8
9	10	11	12	13	14	15
16	17	18	19	20	21	22
23	24	25	26	27	28	29
30						

JULI

Mo	Di	Mi	Do	Fr	Sa	So
	1	2	3	4	5	6
7	8	9	10	11	12	13
14	15	16	17	18	19	20
21	22	23	24	25	26	27
28	29	30	31			

AUGUST

Mo	Di	Mi	Do	Fr	Sa	So
				1	2	3
4	5	6	7	8	9	10
11	12	13	14	15	16	17
18	19	20	21	22	23	24
25	26	27	28	29	30	31

SEPTEMBER

Mo	Di	Mi	Do	Fr	Sa	So
1	2	3	4	5	6	7
8	9	10	11	12	13	14
15	16	17	18	19	20	21
22	23	24	25	26	27	28
29	30					

OKTOBER

Mo	Di	Mi	Do	Fr	Sa	So
		1	2	3	4	5
6	7	8	9	10	11	12
13	14	15	16	17	18	19
20	21	22	23	24	25	26
27	28	29	30	31		

NOVEMBER

Mo	Di	Mi	Do	Fr	Sa	So
					1	2
3	4	5	6	7	8	9
10	11	12	13	14	15	16
17	18	19	20	21	22	23
24	25	26	27	28	29	30

DEZEMBER

Mo	Di	Mi	Do	Fr	Sa	So
1	2	3	4	5	6	7
8	9	10	11	12	13	14
15	16	17	18	19	20	21
22	23	24	25	26	27	28
29	30	31				

2015

JANUAR

Mo	Di	Mi	Do	Fr	Sa	So
			1	2	3	4
5	6	7	8	9	10	11
12	13	14	15	16	17	18
19	20	21	22	23	24	25
26	27	28	29	30	31	

FEBRUAR

Mo	Di	Mi	Do	Fr	Sa	So
						1
2	3	4	5	6	7	8
9	10	11	12	13	14	15
16	17	18	19	20	21	22
23	24	25	26	27	28	

MÄRZ

Mo	Di	Mi	Do	Fr	Sa	So
						1
2	3	4	5	6	7	8
9	10	11	12	13	14	15
16	17	18	19	20	21	22
23	24	25	26	27	28	29
30	31					

APRIL

Mo	Di	Mi	Do	Fr	Sa	So
		1	2	3	4	5
6	7	8	9	10	11	12
13	14	15	16	17	18	19
20	21	22	23	24	25	26
27	28	29	30			

MAI

Mo	Di	Mi	Do	Fr	Sa	So
				1	2	3
4	5	6	7	8	9	10
11	12	13	14	15	16	17
18	19	20	21	22	23	24
25	26	27	28	29	30	31

JUNI

Mo	Di	Mi	Do	Fr	Sa	So
1	2	3	4	5	6	7
8	9	10	11	12	13	14
15	16	17	18	19	20	21
22	23	24	25	26	27	28
29	30					

JULI

Mo	Di	Mi	Do	Fr	Sa	So
		1	2	3	4	5
6	7	8	9	10	11	12
13	14	15	16	17	18	19
20	21	22	23	24	25	26
27	28	29	30	31		

AUGUST

Mo	Di	Mi	Do	Fr	Sa	So
					1	2
3	4	5	6	7	8	9
10	11	12	13	14	15	16
17	18	19	20	21	22	23
24	25	26	27	28	29	30
31						

SEPTEMBER

Mo	Di	Mi	Do	Fr	Sa	So
	1	2	3	4	5	6
7	8	9	10	11	12	13
14	15	16	17	18	19	20
21	22	23	24	25	26	27
28	29	30				

OKTOBER

Mo	Di	Mi	Do	Fr	Sa	So
			1	2	3	4
5	6	7	8	9	10	11
12	13	14	15	16	17	18
19	20	21	22	23	24	25
26	27	28	29	30	31	

NOVEMBER

Mo	Di	Mi	Do	Fr	Sa	So
						1
2	3	4	5	6	7	8
9	10	11	12	13	14	15
16	17	18	19	20	21	22
23	24	25	26	27	28	29
30						

DEZEMBER

Mo	Di	Mi	Do	Fr	Sa	So
	1	2	3	4	5	6
7	8	9	10	11	12	13
14	15	16	17	18	19	20
21	22	23	24	25	26	27
28	29	30	31			

Über dieses Buch

Der Autor
Ralf Carl Langhals studierte Germanistik und Romanistik in Mannheim, Nizza und Berlin. Er arbeitete an verschiedenen Theatern und lebt als Autor und Journalist in Mannheim.

In einigen Fällen war es nicht möglich, für den Abdruck der Texte die Rechteinhaber zu ermitteln. Honoraransprüche der Autoren, Verlage und ihrer Rechteinhaber bleiben erhalten.

Alle Tabellen wurden nach bestem Wissen und mit großer Sorgfalt recherchiert und erarbeitet; dennoch kann keine Gewähr für die Richtigkeit aller Angaben übernommen werden.

Impressum

Der Text des Buches folgt den neuen Regeln der deutschen Rechtschreibung.

Weltbild Buchverlag

Redaktion: Ute Kleiner, Waldshut-Tiengen, und Michaela Mohr, Augsburg
Einbandgestaltung, Layout, Satz: Christina Krutz, St. Oswald-Riedlhütte
Titelbild: MAURITIUS Die Bildagentur GmbH, Mittenwald (Albinger)
Illustrationen: Vera Vučko, Mannheim
Lithoarbeiten: Uhl + Massopust, Aalen
Druck und Bindung: Offizin Andersen Nexö – ein Betrieb der INTERDRUCK Graphischer Großbetrieb GmbH, Leipzig

Gedruckt auf chlorfrei gebleichtem Papier

Printed in Germany

ISBN 3-89604-687-X

Das Jahr von A bis Z